大熊猫祁连山国家公园

裕河鸟类图鉴

大熊猫祁连山国家公园
甘肃省管理局裕河分局
编

敦煌文艺出版社

图书在版编目（C I P）数据

大熊猫祁连山国家公园裕河鸟类图鉴 / 大熊猫祁连山国家公园甘肃省管理局裕河分局编. -- 兰州 : 敦煌文艺出版社, 2024.5

ISBN 978-7-5468-2551-9

Ⅰ. ①大… Ⅱ. ①大… Ⅲ. ①大熊猫—国家公园—鸟类—甘肃—图集 Ⅳ. ① Q959.708-64

中国国家版本馆 CIP 数据核字 (2024) 第 106834 号

大熊猫祁连山国家公园裕河鸟类图鉴

大熊猫祁连山国家公园甘肃省管理局裕河分局　编

责任编辑：田　园

装帧设计：杨　楠

敦煌文艺出版社出版、发行

地址：（730030）兰州市城关区曹家巷 1 号新闻出版大厦

邮箱：dunhuangwenyi1958@126.com

0931-2131556（编辑部）

0931-2131387（发行部）

甘肃海通印务有限责任公司印刷

开本　889 毫米 ×1194 毫米　1/16　印张 18.5　字数 106 千

2024 年 5 月第 1 版　2024 年 5 月第 1 次印刷

印数　1 ~ 1500 册

ISBN 978-7-5468-2551-9

定价：128.00 元

/ 前言 / Preface

鸟类是自然生态系统的重要组成部分，它们在维护生态平衡，丰富生物多样性方面有着重要作用。全世界现存已知鸟类共有 9000 多种，我国现有鸟类 1505 种。大熊猫祁连山国家公园裕河分局区域内自然环境多样，生物多样性极为丰富，现有鸟类 223 种，是鸟类资源较为丰富的地区之一。

《大熊猫祁连山国家公园裕河鸟类图鉴》共收录甘肃省管理局裕河分局区域内鸟类 16 目 56 科 223 种，依据郑光美先生《中国鸟类分类与分布名录》（第四版）的分类系统进行整理编辑。由梁志军担任编委主任、郝长远担任编委副主任；白永兴负责编写第一章、第二章的内容；马小强负责编写第三章、第九章、第十六章的内容；刘尚峰负责编写第六章、第十章、第十二章的内容；冯蓓蕾负责编写第四章、第五章的内容；吴琼负责编写第十一章、第十四章的内容；孙涛负责编写第七章、第八章内容；赵涛负责编写第十三章、第十五章的内容。本书配以简明的文字和典型特征图片，介绍各有关物种的特征及生活习性，可以较快地对有关物种进行识别，方便广大爱鸟者辨识鸟类、保护鸟类，可作为开展社区宣传培训、自然教育等科普活动的专业资料。该图鉴的出版，对于加强大熊猫祁连山国家公园甘肃省管理局裕河分局及周边的鸟类保护、推动区域内外生物多样性保护可起到应有的作用。

由于编者专业水平有限，缺点和错误在所难免，敬请广大读者批评指正。

编者

2023 年 10 月

/ 目录 /　Contents

第七章　鹈形目 Pelecaniformes

第八章　鲣鸟目 Suliformes

第九章　鸻形目 Charadriiformes

第十章　鸮形目 Strigiformes

第十一章　鹰形目 Accipitriformes

第一章

鸡形目

Galliformes

鸡形目　Galliformes

雉科　Phasianidae

红腹角雉

Tragopan temminckii

· **外形特征：**雄鸟体长 44 ~ 66 厘米，体重 930 ~ 1800 克。在头顶上生长着乌黑发亮的羽冠，羽冠的两侧长着一对钴蓝色的肉质角。雄鸟体羽及两翅主要为深栗红色，满布具黑缘的灰色眼状斑，下体灰斑大而色浅。雌鸟上体灰褐色，下体淡黄色，杂以黑、棕、白斑。喉部有肉裾，展开呈“寿”字状，又称它为“寿鸡”。

· **生态习性：**红腹角雉生活于原始森林中，喜欢居住在有长流水的沟谷、山涧及较潮湿的悬崖下的常绿阔叶林、针阔叶混交林及针叶林下丛生灌木、竹类和蕨类的地方，在海拔 1000 ~ 3500 米之间均有分布。它喜欢单独活动，只是在冬季偶尔结有小群。主要以乔木、灌木、竹、草本植物和蕨类的芽、叶、青叶、花、果实和种子等为食，兼食少量动物性食物，食物种类非常广泛。

鸡形目 Galliformes

雉科 Phasianidae

红腹锦鸡

Chrysolophus pictus

· **外形特征：**雄鸟体型显小但修长（98 厘米），头顶及背有耀眼的金色丝状羽；枕部披风为金色并具黑色条纹；上背金属绿色，下体绯红。翼为金属蓝色，尾长而弯曲，中央尾羽近黑而具皮黄色点斑，其余部位黄褐色。雌鸟体型较小，为黄褐色，上体密布黑色带斑，下体淡皮黄色。虹膜——黄色；嘴——绿黄；脚——角质黄色。雌鸟春季发出“cha-cha”的叫声，其他雌鸟应叫。雄鸟回以“gui-gui，gui”或“gui-gu，gu，gu”或悦耳的短促“gu gu gu……”声。飞行时，雄鸟发出快速的“zi zi zi……”叫声。

· **生态习性：**本物种常活动于山地，不喜群居，夏季常单独或成对活动于多石和险峻的山坡上，出没于生长在山坡上的矮树丛间，夜间喜寻找针叶林栖宿在树枝上；冬季山间食物缺少，红腹锦鸡不得不在白天结群前往平原地区的农田觅食，夜间则返回山间树上的栖息地。

鸡形目 Galliformes

雉科 Phasianidae

灰胸竹鸡

Bambusicola thoracicus

· **外形特征：**中等体型（33厘米）的红棕色鹑类。特征为额、眉线及颈项蓝灰色，与脸、喉及上胸的棕色成对比。上背、胸侧及两胁有月牙形的大块褐斑。亚种 sonorivox 的整个脸、颈侧及上胸灰蓝，仅颏及喉栗色。外侧尾羽栗色。飞行翼下有两块白斑。雄雌同色，雄鸟脚上有距。虹膜——红褐；嘴——褐色；脚——绿灰色。叫声为刺耳的“people pray，people pray，people pray”叫声。竹鸡善鸣叫，鸣声尖锐而响亮，雌性发出单调的“嘀、嘀”短声，雄性声音及声调酷似“扁罐罐、扁罐罐”，常连续鸣叫数十次，至其精疲力尽方止，故四川地区称之为扁罐罐 。此鸟特别在繁殖期连鸣不已。

· **生态习性：**竹鸡不是十分畏人，如果未受到侵扰，可在与人体相隔3～5米的可视距离内觅食或打斗。竹鸡常在山地、灌丛、草丛、竹林等地方结群活动，3～5只或10多只不等，时常排成单行队形行进。夏季多在山腰和山顶活动，冬季移至山脚、溪边和丛林中觅食。晚上一个个在横树枝上排成一串互相紧靠取暖。习性多以家庭群栖居。飞行笨拙、径直。活动于干燥的矮树丛、竹林灌丛，可至海拔1000米处。栖息于山岳的灌丛、草地或丛林中。昼出夜伏，夜间宿于竹林或杉树上。喜隐伏，飞行力不强，鸣声响亮。啄食杂草种子、嫩芽、柔叶、谷粒，以及蝗虫、蝗蝻、蚂蚁、白蚁和蠕虫。竹鸡以杂草种子、蔬菜叶、嫩芽、颗粒型果实为食。人工饲养多食玉米、小麦、稗子等，也吃面包虫一类的昆虫。

鸡形目　Galliformes

雉科　Phasianidae

环颈雉

Phasianus colchicus

· **外形特征：**雄鸟体大（85 厘米），是原引自中国的、为欧洲及北美洲所熟悉的雉种。雄鸟头部具黑色光泽，有显眼的耳羽簇，宽大的眼周裸皮鲜红色。有些亚种有白色颈圈。身体披金挂彩，满身点缀着发光羽毛，从墨绿色至铜色至金色；两翼灰色，尾长而尖，褐色并带黑色横纹。雄鸟的叫声为爆发性的噼啪两声，紧接着便用力鼓翼。雌鸟形小（60 厘米）而色暗淡，周身密布浅褐色斑纹。被赶时迅速飞，飞行快，声音大。虹膜——黄色；嘴——角质色；脚——略灰。

· **生态习性：**栖息于中、低山丘陵的灌丛、竹丛或草丛中。善走而不能久飞，飞行快速而有力。夏季繁殖期，可上迁高山坡处，冬季迁至山脚草原及田野间。喜食谷类，也食浆果、种子和昆虫。

鸡形目 Galliformes

雉科 Phasianidae

蓝马鸡

Tragopan temminckii

· **外形特征：**蓝马鸡雄鸟前额呈白色；头顶和枕部密布黑色绒羽，后面界以一道白色窄带；头侧裸露为绯红色；耳羽簇呈白色，长达 50 ~ 60 毫米，长而硬，突出于头颈之上；颏、喉为白色；体羽大都为蓝灰色，羽毛多披散如发状；尾羽 24 枚，通体蓝灰色，颈项和肩部颜色深，有金属光泽，尾羽由灰蓝色渐变为暗紫蓝色。

· **生态习性：**蓝马鸡喜欢 10 ~ 30 只成群地生活在一起，最多的超过 100 只。一般多在拂晓开始活动，到树林中间觅食，主要以植物性食物为主，边吃边叫。喜欢集群，白天活动，夜晚栖息于树上，群体成员彼此相互紧挨着栖息于树冠层茂密的枝叶间。性情机警而胆小，稍稍受到惊扰便迅速向山坡下面奔跑，一般很少起飞，急迫情况时也鼓翼飞翔，但不能持久。

鸡形目　Galliformes

雉科　Phasianidae

血雉

Ithaginis cruentus

· **外形特征：**血雉，中小型雉类，雄鸟体长 37 ~ 49 厘米，雌鸟体长 36 ~ 44 厘米，雄鸟与雌鸟的羽毛有明显的区别，雄鸟头部有灰褐色羽冠，体色为灰色，细长而尖，成矛状羽毛白色。腰部和尾部的覆羽灰褐色微带绿色，最长的尾羽具有绯红色的边，喉和上胸浅棕色，下胸和两肋为鲜草绿色，腹部为棕灰色。前额、脸颊和喉为肉桂红色，虹膜为乌褐色，嘴黑色，腿、脚橙红色。

· **生态习性：**血雉的食物主要以植物为主，已经记录到 90 多种，常常用嘴啄食，边走边吃，啄食的速度很快，但很少用脚和嘴刨食。食物的种类随季节不同而有所变化，冬季和春季以杨树、桦树、松树、杉树、漆树、椴树等各种树木的嫩叶、芽苞、花序等为食；夏季和秋季主要食物有忍冬、胡颓子、荚、蔷薇、石荚菜、悬钩子、毛茛等灌木和驴儿韭等草本植物的嫩枝、嫩叶、浆果、种子，以及苔藓、地衣等，另外还以鳞翅目幼虫、蚱蜢、金花虫等昆虫，以及蜈蚣、蜘蛛等 10 余种小型无脊椎动物为食物。

第二章

雁形目
Anseriformes

雁形目　Anseriformes

鸭科　Anatidae

豆雁

Anser fabalis

· **外形特征：**颈色暗，虹膜——暗棕；嘴——橘黄、黄色及黑色；脚——橘黄色。

· **生态习性：**迁徙期间和冬季则主要栖息于开阔平原草地、沼泽、水库、江河、湖泊及沿海海岸和附近农田地区。性喜集群，常成群活动。

雁形目　Anseriformes

—

鸭科　Anatidae

鹊鸭

Bucephala clangula

· **外形特征：**头大而高耸，眼金色。繁殖期雄鸟胸腹白色，次级飞羽极白。嘴基部具有大的白色圆形点斑；头余部黑色闪绿光。雌鸟呈烟灰色，头褐色，无白色点或紫色光泽。非繁殖期雄鸟似雌鸟，但近嘴基处点斑仍为浅色，虹膜——黄色，嘴——近黑，脚——黄色。

· **生态习性：**主要栖息于流速缓慢的江河、湖泊、水库、河口、海湾和沿海水域。

雁形目 Anseriformes

鸭科 Anatidae

斑头秋沙鸭

Mergellus albellus

· **外形特征：**雄鸟眼先和眼周呈黑色，成块斑状；头部其余部分全为白色。颈白色；背黑色，上背最前处的白羽具有黑端，相连而成两条半圆环狭带。下体白色，体侧羽毛有黑褐色波状细纹。雌鸟额、头顶、枕至后颈为栗色，头顶和枕较暗；眼先和脸为黑色；背至尾上覆羽为黑褐色；前胸羽毛基部灰色，端部白色；体的两侧为灰褐色，羽端略沾土黄色；其余部位与雄鸟同。

· **生态习性：**斑头秋沙鸭通过潜水觅食。日行性，白天优游于江湖间觅食活动，夜晚栖于芦苇丛或树洞中休息。觅食活动在白天。常常在平静的湖面一边游泳一边频频潜水觅食。潜水深度和每次潜水的时间长短均不及其他秋沙鸭，通常一次潜水时间多在 15 ~ 20 秒。斑头秋沙鸭属于杂食性鸟类，食物包括小型鱼类、甲壳类、贝类、水生昆虫石蚕等无脊椎动物，偶尔也吃少量植物性食物水草、种子和树叶等。

雁形目　Anseriformes

鸭科　Anatidae

普通秋沙鸭

Mergus merganser

- **外形特征：** 雄鸟繁殖期头及背部呈绿黑色，雌鸟及非繁殖期雄鸟上体深灰，下体浅灰，头棕褐色而颏白。虹膜——褐色；嘴——红色；脚——红色。

- **生态习性：** 善于潜水，在水中追捕鱼类等食物。以鱼、虾、水生昆虫等动物性食物为主。

雁形目 Anseriformes

鸭科 Anatidae

红胸秋沙鸭

Mergus serrator

- **外形特征：**嘴细长而带钩。雄鸟黑白色，两侧多具蠕虫状细纹。雌鸟及非繁殖期雄鸟色暗而褐，近红色的头部渐变成颈部的灰白色。虹膜——红色；嘴——红色；脚——橘黄色。

- **生态习性：**主要栖息于森林中的河流、湖泊及河口地区，也栖息于无林的苔原地带水域中。

雁形目　Anseriformes

鸭科　Anatidae

赤麻鸭

Tadorna ferruginea

· **外形特征：**头皮黄。雄鸟夏季有狭窄的黑色领圈，嘴和腿呈黑色。雌鸟羽色和雄鸟相似，但体色稍淡，头顶和头侧为白色，颈基无黑色领环。虹膜——褐色；嘴——近黑色；脚——黑色。

· **生态习性：**栖息于江河、湖泊、河口、水塘及其附近的草原、荒地、沼泽、沙滩、农田和平原等各类生境中，特别是平原上的湖泊地带最喜欢栖息。

雁形目　Anseriformes

鸭科　Anatidae

鸳鸯

Aix galericulata

· **外形特征：**雄鸟外表极为艳丽，有醒目的白色眉纹、金色颈、背部长羽以及拢翼后可直立的独特的棕黄色。雌鸟不甚艳丽，具有亮灰色体羽和雅致的白色眼圈及眼后线。雄鸟的非婚羽似雌鸟，但嘴为红色。虹膜——褐色；嘴——雄鸟红色，雌鸟灰色；脚——近黄色。

· **生态习性：**一般生活在针叶和阔叶混交林及附近的溪流、沼泽、芦苇塘和湖泊等处，喜欢成群活动，一般有二十多只，有时也同其他野鸭混在一起。

雁形目 Anseriformes

鸭科 Anatidae

赤嘴潜鸭

Netta rufina

· **外形特征：** 虹膜——红褐色；嘴——雄鸟橘红色，雌鸟黑色带黄色嘴尖；脚——雄鸟粉红色，雌鸟灰色。

· **生态习性：** 主要栖息在开阔的淡水湖泊、水流较缓的江河、河流与河口地区。

雁形目　Anseriformes

鸭科　Anatidae

红头潜鸭

Aythya ferina

· **外形特征：**雄鸟栗红色的头部与亮灰色的嘴和黑色的胸部及上背成对比，腰黑色但背及两胁显灰色，近看为白色带黑色蠕虫状细纹。雌鸟背灰色，头、胸及尾近褐色，眼周皮黄色。虹膜——雄鸟红而雌鸟褐；嘴——灰色而端黑；脚——灰色。

· **生态习性：**主要栖息于富有水生植物的开阔湖泊、水库、水塘、河湾等各类水域中。

雁形目　Anseriformes

鸭科　Anatidae

白眼潜鸭

Aythya nyroca

· **外形特征：**仅眼及尾下羽呈白色。雄鸟头、颈、胸及两胁为浓栗色，眼白色；雌鸟为暗烟褐色，眼色淡。侧看头部羽冠高耸。飞行时，飞羽为白色带狭窄黑色后缘。虹膜——雄鸟白色，雌鸟褐色；嘴——蓝灰色；脚——灰色。

· **生态习性：**栖息于大的湖泊、水流缓慢的江河、河口、海湾和河口三角洲。它极善潜水，常在富有芦苇和水草的水面活动，并潜伏于其中。白眼潜鸭为杂食性，主要以植物性食物为主。

雁形目　Anseriformes

鸭科　Anatidae

凤头潜鸭

Aythya fuligula

· **外形特征：**头带特长羽冠。雄鸟为黑色，腹部及体侧为白色。雌鸟为深褐色，两胁褐而羽冠短。雏鸟似雌鸟，但眼为褐色。虹膜——黄色；嘴及脚——灰色。

· **生态习性：**主要栖息于湖泊、河流、水库、池塘、沼泽、河口等开阔水面。

雁形目　Anseriformes

—

鸭科　Anatidae

花脸鸭

Sibirionetta formosa

· **外形特征：**雄鸟头顶色深，纹理分明的亮绿色脸部具特征性黄色月牙形斑块。多斑点的胸部为淡棕色，两肋具鳞状纹似绿翅鸭。肩羽形长，中心黑而上缘白。翼镜铜绿色，臀部黑色。雌鸟脸侧有白色月牙形斑块。虹膜——褐色；嘴——灰色；脚——灰色。

· **生态习性：**主要栖息于各种淡水或咸水水域，包括湖泊、江河、水库、水塘、沼泽、河湾以及农田原野等各类生境。

雁形目 Anseriformes

鸭科 Anatidae

罗纹鸭

Mareca falcata

- **外形特征：** 罗纹鸭头顶为栗色，头侧绿色闪光的冠羽延垂至颈项，黑白色的三级飞羽长而弯曲。虹膜——褐色；嘴——黑色；脚——暗灰色。

- **生态习性：** 主要栖息于江河、湖泊、河湾、河口及沼泽地带。

雁形目 Anseriformes

鸭科 Anatidae

赤膀鸭

Mareca strepera

· **外形特征：**雄鸟嘴黑，头棕，尾黑，次级飞羽具白斑及腿橘黄为其主要特征。雌鸟似雌绿头鸭但头较扁，嘴侧橘黄，腹部及次级飞羽为白色。虹膜——褐色；嘴——繁殖期雄鸟为灰色，其他时候为橘黄色但中部显灰；脚——橘黄。

· **生态习性：**栖息和活动在江河、湖泊、水库、河湾、水塘、沼泽等内陆水域中。

雁形目　Anseriformes

鸭科　Anatidae

赤颈鸭

Mareca penelope

- **外形特征：** 雄鸟头为栗色而带皮黄色冠羽，体羽余部多灰色，两肋有白斑，腹白，尾下覆羽黑色。雌鸟通体呈棕褐或灰褐色，腹白。下翼灰色——较葡萄胸鸭色深。虹膜——棕色；嘴——蓝绿色；脚——灰色。

- **生态习性：** 栖息于江河、湖泊、水塘、河口、海湾、沼泽等各类水域中。

雁形目　Anseriformes

鸭科　Anatidae

斑嘴鸭

Anas zonorhyncha

· **外形特征：**头色浅，顶及眼线色深，嘴黑而嘴端黄且于繁殖期黄色嘴端顶尖有一黑点为本种特征。喉及颊皮黄。两性同色，但雌鸟较黯淡。虹膜——褐色；嘴——黑色而端黄；脚——珊瑚红。

· **生态习性：**主要栖息在内陆各类大小湖泊、水库、江河、水塘、河口、沙洲和沼泽地带。善游泳，也善于行走，但很少潜水。

雁形目　Anseriformes

鸭科　Anatidae

绿头鸭

Anas platyrhynchos

- **外形特征：** 雄鸟头及颈为深绿色带光泽，白色颈环使头与栗色胸隔开。雌鸟有褐色斑驳，有深色的贯眼纹。虹膜——褐色；嘴——黄色；脚——橘黄色。

- **生态习性：** 主要栖息于水生植物丰富的湖泊、河流、池塘、沼泽等水域中。

雁形目　Anseriformes

鸭科　Anatidae

绿翅鸭

Anas creccaa

· **外形特征：**雄鸟有明显的金属亮绿色，带皮黄色边缘的贯眼纹横贯栗色的头部，肩羽上有一道长长的白色条纹，深色的尾下羽外缘具皮黄色斑块；其余体羽多灰色。雌鸟有褐色斑驳，腹部色淡。虹膜——褐色；嘴——灰色；脚——灰色。

· **生态习性：**主要栖息在开阔而水生植物茂盛且少干扰的中小型湖泊和各种水塘中。

绿翅鸭　*Anas creccaa*

雁形目　Anseriformes

鸭科　Anatidae

针尾鸭

Anas acuta

· **外形特征：**雄鸟头棕，喉白，两胁有灰色扇贝形纹，尾黑，中央尾羽延长，两翼灰色具绿铜色翼镜，下体白色。雌鸟呈黯淡褐色，上体多黑斑；下体皮黄，胸部具黑点；两翼灰，翼镜褐；嘴及脚灰色。虹膜——褐色；嘴——蓝灰；脚——灰色。

· **生态习性：**栖息于各种类型的河流、湖泊、沼泽、盐碱湿地、水塘以及开阔的沿海地带和海湾等生境中。

第三章

䴙䴘目

Podicipediformes

䴙䴘目　Podicipediformes

䴙䴘科　Podicipedidae

小䴙䴘

Tachybaptus ruficollis

- **外形特征：**一种体小（27 厘米）而矮扁的深色䴙䴘。小䴙䴘嘴尖如凿，故又称尖嘴鸭子。趾有宽阔的蹼。繁殖时期，喉及前颈偏红，头顶及颈背深灰褐色，上体褐色，下体偏灰，具明显黄色嘴斑。非繁殖时期，上体灰褐，下体白。虹膜——黄色或褐色；嘴——黑色；脚——蓝灰，趾尖浅色。叫声为重复的高音吱叫声“ke-ke-ke-ke”，求偶期间相互追逐时常发此声。幼鸟和䴙䴘科的其他幼鸟一样，小䴙䴘的幼鸟带有头纹，后背具有纵纹，嘴肉色。亚成鸟的头纹消失，全身羽色为灰白色。

- **生态习性：**喜在清水及有丰富水生生物的湖泊、沼泽及涨过水的稻田栖息。通常单独或成分散小群活动，繁殖期在水上相互追逐并发出叫声。

䴙䴘目　Podicipediformes

䴙䴘科　Podicipedidae

凤头䴙䴘

Podiceps cristatus

· **外形特征：**凤头䴙䴘是体形最大的一种䴙䴘，有鸭子一样大小，体长为 50 厘米以上，体重为 0.5 ~ 1 千克。嘴又长又尖，从嘴角到眼睛还长着一条黑线。它的脖子很长，向上方直立着，通常与水面保持垂直的姿势。夏季时头的两侧和颏部都变为白色，前额和头顶却是黑色，头后面长出两撮小辫一样的黑色羽毛，向上直立，所以被叫做凤头䴙䴘。爪钝而宽阔，呈指甲状，中趾的内缘呈锯齿状。身体上的羽毛短而稠密，具有抗湿性，不透水。成鸟发出深沉而洪亮的叫声，雏鸟乞食时发出“ping-ping”的笛声。

· **生态习性：**凤头䴙䴘翅膀既短又圆，显然是不能高飞翱翔的鸟类。两条腿的位置可以说已经长到尾部，脚趾两侧的瓣蹼足十分发达，除了适于游水之外，在陆地上几乎是寸步难移的。

第四章

鸽形目

Columbiformes

鸽形目　Columbiformes

鸠鸽科　Columbidae

山斑鸠

Streptopelia orientalis

· **外形特征：**一种中等体型（32 厘米）的偏粉色斑鸠，成年个体体重为 165 ~ 274 克，起飞时带有高频的“噗噗”声。颈侧具带明显黑白色条纹的块状斑。上体的深色扇贝斑纹体羽羽缘为棕色，腰灰，尾羽近黑，尾梢浅灰。下体多偏粉色，脚为红色。亚成鸟颈侧无黑白色条状图案。虹膜——黄色；嘴——灰色，质软；脚——粉红色。叫声为悦耳的“kroo kroo-kroo——kroo”声。

· **生态习性：**成对或单独活动，多在开阔农耕区、村庄及房前屋后、寺院周围，或小沟渠附近地面取食。食物多为带颗谷类，如高粱谷、粟谷、秫秫谷，也食用一些樟树籽核、初生螺蛳等。

鸽形目 Columbiformes

鸠鸽科 Columbidae

珠颈斑鸠

Spilopelia chinensis

· **外形特征：**一种人们所熟悉的中等体型（30 厘米）的粉褐色斑鸠。尾略显长，外侧尾羽前端的白色甚宽，飞羽较体羽色深。明显特征为颈侧满是白点的黑色块斑。虹膜——橘黄色；嘴——黑色；脚——红色。叫声为轻柔悦耳的“咕咕咕”声并反复重复，最后一音加重。发声时颈部的羽毛会拱起，叫声低沉，重音靠后，驱赶入侵者或保护幼鸟时会发出“咕咕咕”声。

· **生态习性：**珠颈斑鸠是常见留鸟。常成小群活动，有时亦与其他斑鸠混群。常三三两两分散栖于相邻的树枝头。栖息环境较为固定，如无干扰，可以较长时间不变。觅食多在地上，受惊后立刻飞到附近树上。飞行快速，两翅扇动较快但不能持久。鸣声响亮，鸣叫时作点头状，鸣声似“ku-ku-u-ou”，反复鸣叫。珠颈斑鸠主要以植物种子为食，特别是农作物种子，如稻谷、玉米、小麦、豌豆、黄豆、菜豆、油菜、芝麻、高粱、绿豆等。有时也吃蝇蛆、蜗牛、昆虫等动物性食物。通常在天亮后离开栖息树到地上觅食。

鸽形目 Columbiformes

鸠鸽科 Columbidae

灰斑鸠

Streptopelia decaocto

- **外形特征：**一种中等体型（32 厘米）的褐灰色斑鸠。明显特征为后颈具黑白色半领圈。较山斑鸠以及体小得多的粉色火斑鸠，其色浅而多灰。虹膜——褐色；嘴——灰色；脚——粉红色。叫声为响亮的三音节“coo-cooh-coo”声，重音在第二音节。

- **生态习性：**相当温顺。栖于农田及村庄，停栖于房子、电杆及电线上。对人类并不戒备，在人类的居住区周围经常能发现它们。栖息于平原、山麓和低山丘陵地带的树林中，亦常出现于农田、果园、灌丛、城镇和村屯附近。多呈小群或与其他斑鸠混群活动。主要以各种植物果实与种子为食，也吃草籽、农作物谷粒和昆虫。

第五章

鹃形目
Cuculiformes

鹃形目 Cuculiformes

杜鹃科 Cuculidae

大杜鹃

Cuculus canorus

· **外形特征：**一种中等体型（32 厘米）的杜鹃。嘴有 2 厘米多长，呈黑褐色，口腔上皮和舌呈红色。上体灰色，尾偏黑色，腹部近白而具黑色横斑。“棕红色”变异型雌鸟为棕色，背部具黑色横斑。幼鸟枕部有白色块斑。虹膜及眼圈——黄色；嘴——上为深色，下为黄色；脚——黄色。叫声为响亮清晰的标准型“kukoo”声，通常只在繁殖地才能听到。

· **生态习性：**喜开阔的有林地带及大片芦苇地，有时停在电线上找寻大苇莺的巢。栖息于开阔林地，特别在近水的地方。常晨间鸣叫，每分钟 24 ~ 26 次，连续鸣叫半小时方稍停息。性懦怯，常隐伏在树叶间。平时仅听到鸣声，很少见到。飞行急速，循直线前进，在停落前，常滑翔一段距离。取食鳞翅目幼虫、甲虫、蜘蛛、螺类等。食量大，对消除害虫起相当作用。

大杜鹃　*Cuculus canorus*

第六章

鹤形目 Gruiformes

鹤形目 Gruiformes

秧鸡科 Rallidae

普通秧鸡

Rallus indicus

· **外形特征：**一种中等体型（29 厘米）的暗深色秧鸡。上体多纵纹，头顶褐色，脸灰，眉纹浅灰而眼线深灰。颏（脸的最下方）白，颈及胸为灰色，两胁具黑白色横斑。亚成鸟翼上覆羽具不明晰的白斑。虹膜——红色；嘴——红色至黑色；脚——红色。叫声为轻柔的“chip chip chip”叫声，也有怪异的猪样嗽叫及尖叫声。

· **生态习性：**性羞怯。栖于河湖岸边，在沼泽湿地芦苇丛和水草丛中筑巢。繁殖生活于北方，迁南方过冬。对栖息地的选择较广，有湿地、草地、森林和灌丛等生活型。在非繁殖季节通常单个栖息，繁殖季节为季节性配对或家庭栖息，单个或成对活动。以昆虫、小鱼、甲壳类、软体动物等为食。

鹤形目　Gruiformes

秧鸡科　Rallidae

白胸苦恶鸟

Amaurornis phoenicurus

· **外形特征：**一种体型略大（33 厘米）的深青灰色及白色的苦恶鸟。头顶及上体为灰色，脸、额、胸及上腹部为白色，下腹及尾下为棕色。虹膜——红色；嘴——偏绿，嘴基红色；脚——黄色。叫声为单调的“uwok-uwok”叫声。黎明或夜晚数鸟一起作喧闹而怪诞的合唱，声如“turr-kroowak”或“ per-per-a-wak-wak-wak ”及其他声响，一次可持续 15 分钟。

· **生态习性：**栖息于长有芦苇或杂草的沼泽地和有灌木的高草丛、竹丛、湿灌木、水稻田、甘蔗田中，以及河流、湖泊、灌渠和池塘边，也生活在人类住地附近，如林边、池塘或公园。在湖泊周围村落附近水域的水草中，普遍有白胸苦恶鸟活动，也见于近水的水稻田、麦田、紫穗槐和野蔷薇丛中。

鹤形目　Gruiformes

秧鸡科　Rallidae

黑水鸡

Gallinula chloropus

· **外形特征：**一种中等体型（31 厘米）的水鸟。黑水鸡成鸟两性相似，雌鸟稍小。黑白色，额甲鲜红色，嘴短，嘴红色，嘴尖端黄色。体羽全为青黑色，仅两胁有白色细纹而成的线条以及尾下有两块白斑，尾上翘时此白斑尽显。虹膜——红色；嘴——暗绿色，嘴基红色；脚——绿色。叫声为响而粗的“pruruk-pruuk-pruuk”声。

· **生态习性：**多见于湖泊、池塘及运河。栖水性强，常在水中慢慢游动，常在水面浮游植物间翻拣找食。不耐寒，一般不在咸水中生活，喜欢有树木或挺水植物遮蔽的水域，不喜欢很开阔的场所。于陆地或水中尾不停上翘。

鹤形目 Gruiformes

秧鸡科 Rallidae

白顶鸡

Fulica atra

· **外形特征：**一种体大（40 厘米）的黑色水鸡。具显眼的白色嘴及额甲。整个体羽呈深黑灰色，仅飞行时可见翼上狭窄近白色后缘。虹膜——红色；嘴——白色；脚——灰绿色。发出多种响亮的叫声及尖厉的“kik kik”声。

· **生态习性：**栖息于低山、丘陵和平原草地，甚至荒漠与半荒漠地带的各类水域中。其中尤以富有芦苇、三棱草等水边挺水植物的湖泊、水库、水塘、苇塘、水渠、河湾和深水沼泽地带最为常见。除繁殖期外，常成群活动，特别是迁徙季节，常成数十，甚至上百只的大群，偶尔也见单只和小群活动。有时也和其他鸟类混群栖息和活动。

第七章

鹈形目

Pelecaniformes

鹈形目　Pelecaniformes

鹮科　Threskiornithidae

朱鹮

Nipponia nippon

· **外形特征：**雄鸟通体白色，羽干及两翅与尾等均沾染粉红色；颈项上有很多长矛状羽毛，形成羽冠，耸立时非常夺目；嘴长而向下曲，呈黑色，先端朱红，脚的裸露部分亦呈亮红色。雌鸟羽色略同，但在繁殖期中，背羽有鲜蓝色渲染，两翅的粉红色较浅淡。成鸟的脸部呈朱红色，双翅展开飞行时，翅膀后部和尾羽下侧也呈朱红色。嘴长而向下曲，呈黑色，先端朱红，脚的裸露部分亦呈亮红色。

· **生态习性：**朱鹮性孤僻而沉静，除起飞时鸣叫外，一般活动时不鸣叫。单独或成小群活动，极少与别的鸟合群。头、颈向前伸直、两脚伸向后，但不突出于尾外。朱鹮主要以小鱼、泥鳅、蛙、蟹、虾、蜗牛、蟋蟀、蚯蚓、甲虫等昆虫和昆虫幼虫为食。觅食活动在白天。通常在水边浅水处或水稻田中觅食，也见在烂泥中和地上觅食。

鹈形目　Pelecaniformes

鹭科　Ardeidae

夜鹭

Nycticorax nycticorax

· **外形特征：** 成鸟顶冠黑色，颈及胸白，颈背具两条白色丝状羽，背黑，两翼及尾灰色。亚成鸟具褐色纵纹及点斑。雌鸟体型较雄鸟小，繁殖期腿及眼先成红色。虹膜——亚成鸟为黄色，成鸟为鲜红色；嘴——黑色；脚——污黄色。幼鸟嘴先端黑色，基部黄绿色，虹膜黄色，眼周绿色，脚黄色。

· **生态习性：** 栖息和活动于平原和低山丘陵地区的溪流、水塘、江河、沼泽和水田地上。

鹈形目　Pelecaniformes

鹭科　Ardeidae

池鹭

Ardeola bacchus

· **外形特征：**一种翼白色、身体具褐色纵纹的鹭。雌雄鸟同色，雌鸟体形略小。虹膜——褐色；嘴——黄色（冬季），尖端黑色；腿及脚——绿灰色。

· **生态习性：**通常栖息于稻田、池塘、湖泊、水库和沼泽湿地等水域，有时也见于水域附近的竹林和树上，常单独或成小群活动，有时也集成多达数十只的大群在一起，性不甚畏人。

牛背鹭　*Bubulcus coromandus*

鹈形目 Pelecaniformes

鹭科 Ardeidae

牛背鹭

Bubulcus coromandus

· **外形特征：**牛背鹭雌雄同色。嘴厚，颈粗短，冬羽近全白。眼周边裸露皮肤为黄色，虹膜——黄色；嘴——黄色；脚——暗黄至近黑。

· **生态习性：**栖息于平原草地、牧场、湖泊、水库、山脚平原和低山水田、池塘和沼泽地上。

鹈形目　Pelecaniformes

鹭科　Ardeidae

苍鹭

Ardea cinerea

· **外形特征：**过眼纹及冠羽黑色，4 根细长的羽冠分为两条位于头顶和枕部两侧，状若辫子。飞羽、翼角及两道胸斑呈黑色，头、颈、胸及背为白色，颈具黑色纵纹，余部为灰色。虹膜——黄色；嘴——黄绿色；脚——偏黑。

· **生态习性：**性格孤僻，在浅水中捕食。

鹈形目　Pelecaniformes

鹭科　Ardeidae

草鹭

Ardea purpurea

· **外形特征：**顶冠黑色并具两道饰羽，颈棕色且颈侧具黑色纵纹。背及覆羽灰色，飞羽黑，其余体羽红褐色。虹膜——黄色；嘴——褐色；脚——红褐色。

· **生态习性：**喜稻田、芦苇地、湖泊及溪流。性孤僻，常单独在有芦苇的浅水中，低歪着头伺机捕鱼及其他食物。飞行时振翅显缓慢而沉重。结大群营巢。

鹈形目　Pelecaniformes

鹭科　Ardeidae

大白鹭

Ardea alba

· **外形特征：**嘴较厚重，颈部具特别的扭结。嘴角有一条黑线（嘴裂）直达眼后。繁殖时期脸颊裸露皮肤呈蓝绿色，嘴黑，腿部裸露皮肤为红色，脚黑。肩背部生有三列长而直、羽枝呈分散状的蓑羽。非繁殖时期脸颊裸露皮肤呈黄色，嘴黄而嘴端常为深色，脚及腿为黑色。虹膜——黄色。

· **生态习性：**栖息于开阔平原和山地丘陵地区的河流、湖泊、水田、海滨、河口及沼泽地带。

鹈形目　Pelecaniformes

鹭科　Ardeidae

白鹭

Egretta garzetta

· **外形特征：** 嘴及腿为黑色，趾为黄色，繁殖羽纯白，颈背具细长饰羽，背及胸具蓑状羽。虹膜——黄色；脸部裸露皮肤——黄绿色，于繁殖期为淡粉色；嘴——黑色；脚——黑色，趾——黄色。

· **生态习性：** 喜稻田、河岸、沙滩、泥滩及沿海小溪流。成散群进食，常与其他种类混群。有时飞越沿海浅水追捕猎物。夜晚飞回栖处时呈"V"字队形。与其他水鸟一道集群营巢。

白鹭　Egretta garzetta

鹈形目　Pelecaniformes

鹭科　Ardeidae

中白鹭

Ardea intermedia

· **外形特征：** 嘴相对短，嘴裂不过眼。于繁殖羽时其背及胸部有松软的长丝状羽，嘴及腿短期呈粉红色，脸部裸露皮肤为灰色。繁殖期中白鹭的嘴也可能为全黑色。虹膜——黄色；嘴——黄色，嘴端为褐色；腿及脚——黑色。

· **生态习性：** 栖息及活动于河流、湖泊、河口、海边和水塘岸边浅水处及河滩上，也常在沼泽和水稻田中活动。常单独或成对或成小群活动，有时也与其他鹭类混群。警惕性强。飞行时颈缩成“S”形，两脚直伸向后，超出于尾外，两翅鼓动缓慢，飞行从容不迫，且呈直线飞行。

鲣鸟目

Suliformes

鲣鸟目 Suliformes

鸬鹚科 Phalacrocoracidae

普通鸬鹚

Phalacrocorax carbo

· **外形特征：**一种体大（90 厘米）的鸬鹚。羽毛有偏黑色闪光，嘴厚重，脸颊及喉为白色。繁殖期颈及头饰以白色丝状羽，脸部有红色斑，两胁具白色斑块。亚成鸟为深褐色，下体污白。虹膜——蓝色；嘴——黑色，下嘴基裸露皮肤黄色；脚——黑色。繁殖期发出带喉音的咕哝声，其他时候无声。

· **生态习性：**繁殖于湖泊中砾石小岛或沿海岛屿。在水里追逐鱼类，游泳时似其他鸬鹚，半个身子在水下，常停栖在岩石或树枝上晾翼。飞行时呈“V”字形或直线。

普通鸬鹚　Phalacrocorax carbo

鸻形目

Charadriiformes

鸻形目　Charadriiformes

鹮嘴鹬科　Ibidorhynchidae

鹮嘴鹬

Ibidorhyncha struthersii

· **外形特征：**鹮嘴鹬夏羽额、头顶、脸、颏和喉全为黑色，呈连成一块的黑斑状，四周围以窄的白色边缘。后颈、颈侧、前颈和上胸呈蓝灰色。胸具一宽阔的黑色横带；在黑色胸带和上胸的灰色之间又有一道较窄的白色胸带，黑色胸带下的其余下体概为白色。背、肩等整个上体呈灰褐色。翅上飞羽为黑褐色，内侧具白斑；内侧初级飞羽和外侧次级飞羽基部为白色，在翅上形成一大块白斑。内侧飞羽为灰褐色。大覆羽和初级覆羽为暗褐色。中覆羽、小覆羽为灰褐色。翅缘为白色。尾上覆羽为暗褐色，羽表面微沾灰色。尾羽为烟灰色，具细狭的灰黑色波浪形横斑和宽阔的黑褐色次端斑，外侧尾弭外卿白色，具宽的黑色横斑。冬羽和夏羽相似，但脸微具不清晰的白色羽尖。

· **生态习性：**主要食蠕虫、蜈蚣以及蜉蝣目、毛翅目、等翅目、半翅目、鞘翅目、膜翅目等昆虫和昆虫幼虫，也吃小鱼、虾、软体动物。常单独或成 2 ~ 3 只的小群在河边砾石滩上，用长而弯曲的嘴在砾石缝中探觅食物，或将嘴倾斜地伸入洞穴中掏捕食物。有时也在地面或水面直接啄食，有时甚至涉水到齐腹深的水中，将头和颈也沉入水中，用长而弯曲的嘴探捕水底食物。

鸻形目 Charadriiformes

反嘴鹬科 Recurvirostridae

黑翅长脚鹬

Himantopus himantopus

· **外形特征：**黑翅长脚鹬夏羽雄鸟额白色，头顶至后颈黑色，或白色而杂以黑色。翕、肩、背和翅上覆羽也为黑色，且富有绿色金属光泽。初级飞羽、次级飞羽和三级飞羽黑色，微具绿色金属光泽，飞羽内侧黑褐色。腰和尾上覆羽白色，有的尾上覆羽沾有污灰色。尾羽淡灰色或灰白色，外侧尾羽近白色；额、前头、两颊自眼下缘、前颈、颈侧、胸和其余下体概为白色。腋羽也为白色，但飞羽下面为黑色。雌鸟和雄鸟基本相似，但整个头、颈全为白色。上背、肩和三级飞羽为褐色。冬羽和雌鸟夏羽相似，头颈均为白色，头顶至后颈有时缀有灰色。虹膜——红色；嘴——细而尖，黑色；脚——细长，血红色。

· **生态习性：**常在水边浅水处、小水塘和沼泽地带，以及水边泥地上觅食。常常单独或成对觅食，偶尔也见成松散的小群觅食。主要以软体动物、甲壳类、环节动物、昆虫、昆虫幼虫等动物性食物为食。

鸻形目　Charadriiformes

鸻科　Charadriidae

凤头麦鸡

Vanellus vanellus

· **外形特征：**眼先、眼上和眼后呈灰白色和白色，并混杂有白色斑纹。眼下黑色，少数个体形成一条黑纹。耳羽和颈侧呈白色，并混杂有黑斑。背、肩和三级飞羽为暗绿色或灰绿色，具棕色羽缘和金属光泽。飞羽为黑色，最外侧三枚初级飞羽末端有斜行白斑，肩羽末端沾紫色。尾上覆羽为棕色，尾羽基部为白色，端部黑色并具棕白色或灰白色羽缘，外侧一对尾羽为纯白色。颏、喉为黑色，胸部具宽阔的黑色横带，前颈中部有一条黑色纵带将黑色的喉和黑色胸带连结起来，下胸和腹为白色。尾下覆羽为淡棕色，腋羽和翼下覆羽为纯白色。

· **生态习性：**常成群活动，特别是冬季，常集成数十至数百只的大群。善飞行，常在空中上下翻飞，飞行速度较慢，两翅迟缓地扇动，飞行高度亦不高。有时亦栖息于水边或草地上，当人接近时，伸颈注视，发现有危险则立即起飞。主要吃甲虫、金花虫、天牛、蚂蚁、石蛾、蝼蛄等昆虫及其幼虫，也吃虾、蜗牛、螺、蚯蚓等小型无脊椎动物和大量杂草种子及植物嫩叶。

鸻形目 Charadriiformes

鸻科 Charadriidae

灰头麦鸡

Vanellus cinereus

· **外形特征：**夏羽头、颈、胸为灰色，后颈缀有褐色，多呈淡灰褐色。背、两肩、腰、两翅小覆羽和三级飞羽为淡褐色，具金属光泽，腰部两侧、尾上覆羽和尾羽为白色。除最外侧一对尾羽全为白色，最外侧第二对尾羽具黑色羽端外，其余尾羽均具宽阔的黑色亚端斑和窄狭的白色端缘，尤以中央一对尾羽黑色次端斑最为宽阔。初级覆羽和初级飞羽为黑色，内侧初级飞羽内嘲具白色羽缘，中覆羽、大覆羽和次级飞羽为白色。胸为灰褐色，其下紧连一黑色横带，其余下体呈白色。冬羽头、颈多褐色，颏、喉白色，黑色胸带部分不清晰。幼鸟头、颈和胸为褐色，喉白色，无黑色胸带。 虹膜——红色；嘴——黄色，尖端黑色；眼前肉垂和脚——黄色；爪——黑色。

· **生态习性：**栖息于平原草地、沼泽、湖畔、河边、水塘以及农田地带，有时也出现在低山丘陵地区溪流两岸的水稻田和湿草地上。灰头麦鸡常成对或成小群活动。喜欢长时间地站在水边半裸的草地和田埂上休息，或不时双双飞入空中，盘旋一会再落下。飞行速度甚慢，有时还和凤头麦鸡一起活动。主要啄食甲虫、蝗虫、蚱蜢、鞘翅目和直翅目昆虫，也吃水蛭、螺、蚯蚓、软体动物和植物叶及种子。

鸻形目　Charadriiformes

鸻科　Charadriidae

长嘴剑鸻

Charadrius placidus

· **外形特征：**前额白色直抵嘴基部；白色眼纹向后延伸。头顶前部具有较宽黑斑，后部为灰褐色；眼先和眼下的暗褐色窄带后延至耳羽；后颈的白色狭窄领环伸至颈侧与颏、喉的白色相连，其下部是一黑色胸带，下体余部皆白色；黑胸带在胸部变得稍微宽阔。背、肩、两翅覆羽、腰、尾上覆羽、尾羽灰为褐色。尾羽近端部渲染有黑褐色，外侧尾羽羽端为白色。飞羽为黑褐色，内侧初级飞羽和外侧次级飞羽有白色或灰白色边缘，与大覆羽羽端的白色共同形成淡淡的翼斑。胸、腹及翅下覆羽、腋羽、尾下覆羽皆纯白色。两性的羽色和大小均相似。

· **生态习性：**单个或 3 ~ 5 只结群活动。食物为半翅目、鞘翅目昆虫、蜘蛛、植物碎片和细根等，包括小虾、昆虫、淡水螺、鳞翅目幼虫、蚂蚁、苍蝇、蚯蚓等。

鸻形目 Charadriiformes

鸻科 Charadriidae

金眶鸻

Charadrius dubius

- **外形特征：**体长约 16 厘米，夏羽前额和眉纹为白色，额基和头顶前部绒为黑色，头顶后部和枕为灰褐色，眼先、眼周和眼后耳区呈黑色，并与额基和头顶前部黑色相连。眼睑四周为金黄色。后颈具一白色环带，向下与颏、喉部白色相连，紧接此白环之后有一黑领围绕着上背和上胸，其余上体呈灰褐色或沙褐色。初级飞羽为黑褐色，第一枚初级飞羽羽轴为白色，中央尾羽灰褐色，末端黑褐色，外侧一对尾羽白色，内翈具黑褐色斑块。下体除黑色胸带外全为白色。冬羽额顶和额基黑色全被褐色取代，额呈棕白色或皮黄白色，头顶至上体为沙褐色，眼先、眼后至耳覆羽以及胸带为暗褐色。

- **生态习性：**常单只或成对活动，偶尔也集成小群，特别是在迁徙季节和冬季，常在水边沙滩或沙石地上活动，活动时行走速度甚快，常边走边觅食，并伴随着一种单调而细弱的叫声。通常急速奔走一段距离后稍微停留，然后再向前走。主要吃鳞翅目、鞘翅目及其他昆虫、昆虫幼虫。

鸻形目 Charadriiformes

鸻科 Charadriidae

蒙古沙鸻

Charadrius mongolus

· **外形特征：** 蒙古沙鸻夏羽头顶部为灰褐沾棕，额部颜色为白色、黑色或仅具白斑。头顶前部具一黑色横带，连于两眼之间，将白色额部和头顶分开。眼先、贯眼纹和耳羽为黑色，其上后方有一白色眉斑，后颈棕红色，向两侧延伸至上胸与胸部棕红色相连，形成一完整的棕红色颈环，背和其余上体为灰褐色或沙褐色。翅覆羽和内侧飞羽同背。翅上大覆羽具白色羽端，次级飞羽基部以及内侧初级飞羽外部为白色，其余初级飞羽具白色羽轴，在翅上形成明显的白色翅斑。腰两侧呈白色，尾为灰褐色，外侧两对尾羽外白色；其余尾羽具黑褐色亚端斑和窄的白色尖端。颏、喉白色。胸和颈两侧栗棕红色，与后颈栗棕红色颈环相联，其余下体，包括翼下覆羽和腋羽为白色。

· **生态习性：** 栖息于沿海海岸、沙滩、河口、湖泊、河流等水域岸边，以及附近沼泽、草地和农田地带，也出现于荒漠、半荒漠和高山地带的水域岸边及其沼泽地上，有时也到离水域较远的草原和田野活动和觅食。常单独活动，有时也见成对或成小群活动，特别是冬季常集成大群。性较大胆，常在水边沙滩上走走停停，边走边觅食，迫不得已时一般不起飞。主要取食昆虫、软体动物。

鸻形目 Charadriiformes

鹬科 Scolopacidae

青脚滨鹬

Calidris temminckii

· **外形特征：**小型涉禽，体长 12 ~ 17 厘米。外形大小和长趾滨鹬相似。嘴黑色，脚黄绿色。夏羽上体呈灰黄褐色，头顶至后颈有黑褐色纵纹。背和肩羽有黑褐色中心斑和栗红色羽缘及淡灰色尖端。眉纹白色，颊至胸黄褐色具黑褐色纵纹，其余下体为白色，外侧尾羽为纯白色。冬羽上体为淡灰褐色具黑色羽轴纹。胸淡灰色，其余下体白色。飞翔时翼上有明显的白带。下背和中央尾上覆羽较暗。两翅和夏羽相似但无任何棕色着染。眼先和颊灰白色具窄的褐色纵纹，颈侧灰褐色。下体白色，前颈和上胸灰褐色，有时仅在胸两侧形成一大块灰褐色斑。

· **生态习性：**栖息于沿海和内陆湖泊、河流、水塘、沼泽湿地和农田地带，特别喜欢在有水边植物和灌木等隐蔽物的开阔湖滨和沙洲，不喜欢裸露的岩石海岸，有时也出现在远离水域的草地和平原地区。单独或成小群活动，迁徙期间有时亦集成大群。受惊时常蹲伏于地，受威胁时能迅速地、几乎垂直地急速升高。主要以昆虫、昆虫幼虫、蠕虫、甲壳类和环节动物为食。常在水边沙滩、泥地、田埂上或浅水处边走边觅食。

鸻形目 Charadriiformes

鹬科 Scolopacidae

扇尾沙锥

Gallinago gallinago

· **外形特征：**头顶呈黑褐色，后颈为棕红褐色，具黑色羽干纹。头顶中央有一棕红色或淡皮黄色中央冠纹自额基至后枕，两侧各有一条白色或淡黄白色眉纹自嘴基至眼后。眼先呈淡黄白色或白色，有一黑褐色纵纹从嘴基到眼，并延伸至眼后。在嘴基此眼纹的宽度明显较白色眉纹宽。两颊具不甚明显的黑褐色纵纹。背、肩、三级飞羽绒为黑色，具红栗色和淡棕红色斑纹及羽缘。其中肩羽外侧具较宽的棕红色或淡棕红白色羽缘，因而在背部形成四道宽阔的纵带。大覆羽、初级覆羽、初级飞羽和次级飞羽为黑褐色。第一枚初级飞羽羽轴为白色。初级覆羽、大覆羽和次级飞羽具较宽的白色羽端，在翅上形成相互平行的白色翅带和翅后缘。尾上覆羽基部为灰黑色，端部为淡棕红色，具灰黑色横斑。尾羽黑色，具宽阔的栗红色亚端斑和窄的白色端斑，其间有一窄的黑褐色横纹将栗红色近端斑和白色端斑分隔开。外侧尾羽不变窄。最外侧两枚尾羽外嘲白色，杂以灰色斑，内侧近端为淡黄褐色，缀黑褐色斑纹。颏为灰白色，前颈和胸为棕黄色或皮黄褐色，具黑褐色纵纹；下胸和腹为纯白色，两胁也为自色，密被黑褐色横斑。腋羽和翅下覆羽白色，微缀灰黑色斑纹。

· **生态习性：**扇尾沙锥常单独或成 3 ~ 5 只的小群活动。迁徙期间有时也集成 40 多只的大群。多在晚上和黎明与黄昏时候活动，白天多隐藏在植物丛中。主要以蚂蚁、金针虫、小甲虫、蜘蛛、蚯蚓和软体动物为食，偶尔也吃小鱼和杂草种子。多在夜间和黄昏觅食。觅食时常将嘴垂直地插入泥中，有节律地探觅食物。

鸻形目 Charadriiformes

鹬科 Scolopacidae

矶鹬

Actitis hypoleucos

· **外形特征：**体型小，成鸟头颈和上体为橄榄褐色，具黑色细羽干纹和端斑，眉纹为淡黄白色，眼圈白色，贯眼纹褐色；飞羽为黑褐色，除第一枚外均具有白色端斑，在翼后缘形成白带；中央尾羽为深褐色，外侧尾羽橄榄褐色具白端；下体白色，颈侧和胸侧灰褐色，前胸微具褐色纵纹，腋羽和翼下覆羽白色，翼下具两道褐色横带；虹膜褐色，近黑褐色，基部泛绿褐色；脚灰绿色。成鸟冬羽似夏羽，但上体较淡，斑纹不明显，翼覆羽具皮黄色尖端，颈和胸微具纵纹。幼鸟体羽似冬羽，但羽缘多带有皮黄色。

· **生态习性：**常单独或成对活动，非繁殖期亦成小群。常活动在多沙石的浅水河滩和水中沙滩或江心小岛上，停息时多栖于水边岩石、河中石头和其他突出物上，有时也栖于水边树上，停息时尾不断上下摆动。性机警，行走时步履缓慢轻盈，显得不慌不忙，同时频频地上下点头，有时亦常沿水边跑跑停停。受惊后立刻起飞，通常沿水面低飞，飞行时两翅朝下扇动，身体呈弓形。也能滑翔，特别是下落时。常边飞边叫，叫声似“叽叽叽”声。主要以鞘翅目、直翅目、夜蛾、蝼蛄、甲虫等昆虫为食，也吃螺、蠕虫等无脊椎动物和小鱼、蝌蚪等小型脊椎动物。常在湖泊、水塘及河边浅水处觅食，有时亦见在草地和路边觅食。

鸻形目　Charadriiformes

鹬科　Scolopacidae

白腰草鹬

Tringa ochropus

· **外形特征：** 体长 21 ~ 24 厘米。白腰草鹬雌雄同色，前额、头顶、后颈呈黑褐色具白色纵纹。上背、肩、翅覆羽和三级飞羽为黑褐色，羽缘具白色斑点。下背黑褐色微具白色羽缘，腰为纯白色；尾上覆羽为白色，尾羽亦为白色。除外侧一对尾羽全为白色外，其余尾羽具宽阔的黑褐色横斑，初级飞羽和次级飞羽黑褐色。自嘴基至眼上有一白色眉纹，眼先为黑褐色。颊、耳羽、颈侧呈白色具细密的黑褐色纵纹。颏为白色，喉和上胸白色密被黑褐色纵纹。胸、腹和尾下覆羽为纯白色，胸侧和两胁亦为白色具黑色斑点。冬羽和夏羽基本相似，但体色较淡，上体呈灰褐色，背和肩具不甚明显的皮黄色斑点。虹膜——暗褐色；嘴——灰褐色或暗绿色，尖端黑色；脚——橄榄绿色或灰绿色。

· **生态习性：** 白腰草鹬繁殖于湿润林地，迁徙及越冬时多活动于草丛茂密的池塘、河岸、湖岸、水田、沼泽等水流较缓的水体，一般不至潮间带滩涂。常单独活动，站立时身体后部常上下颤动。性胆小而谨慎，受惊扰后会快速飞离。主要以蠕虫、虾、蜘蛛、小蚌、田螺、昆虫、昆虫幼虫等小型无脊椎动物为食，偶尔也吃小鱼和稻谷。白腰草鹬为常见候鸟和旅鸟。

鸻形目　Charadriiformes

鹬科　Scolopacidae

林鹬

Tringa glareola

· **外形特征：**林鹬夏季头和后颈呈黑褐色，具细的白色纵纹；背、肩为黑褐色，具白色或棕黄白色斑点。下背和腰为暗褐色，具白色羽缘。尾上覆羽为白色，最长尾上覆羽具黑褐色横斑。中央尾羽为黑褐色，具白色和淡灰黄色横斑，外侧尾羽为白色，具黑褐色横斑。翅上覆黑褐色，初级飞羽、次级飞羽也黑褐色，第一枚初级飞羽羽轴为白色。内侧初级飞羽、次级飞羽具白色羽缘，三级飞羽具白色或淡棕黄白色斑点。眉纹白色，眼先黑褐色；头侧、颈侧灰白色，具淡褐色纵纹。颏、喉白色。前颈和上胸呈灰白色而杂以黑褐色纵纹。其余下体为白色，两胁和尾下覆羽具黑褐色横斑。腋羽和翼下覆羽为白色，微具褐色横斑。冬羽和夏羽相似，但上体为更深的灰褐色，具白色斑点，胸缀有灰褐色，具不清晰的褐色纵纹；两胁横斑多消失或不明显。

· **生态习性：**林鹬在中国主要为旅鸟。部分在东北和新疆为夏候鸟，在广东、海南、香港和台湾为冬候鸟。春季迁经中国的时间在 3 ~ 4 月。3 月末即有个体到达长白山繁殖地。秋季于 9 月末、10 月初从东北往南迁徙。常单独或成小群活动。迁徙期也集成大群。常出入于水边浅滩和沙石地上。活动时常沿水边边走边觅食，时而在水边疾走，时而站立于水边不动，或缓步边觅食边前进。性胆怯而机警。遇到危险立即起飞，边飞边叫。叫声似“皮啼—皮啼”。常栖息于灌丛或树上，降落时两翅上举。

鸻形目 Charadriiformes

鸥科 Laridae

棕头鸥

Chroicocephalus brunnicephalus

· **外形特征：**棕头鸥夏羽头为淡褐色，在与白色颈的接合处颜色较深，具黑色羽尖，形成一黑色领圈，尤以后颈和喉部明显。眼后缘具窄的白边。背、肩、内侧翅上覆羽和内侧飞羽为珠灰色，外侧翅上覆羽为白色。初级飞羽基部为白色，末端黑色，外侧两枚初级飞羽黑色，具显著的卵圆形白色亚端斑。内侧飞羽白色，尖端黑色。腰、尾和下体白色。冬羽和夏羽相似，但头呈白色，头顶缀淡灰色，耳覆羽具暗色斑点。幼鸟和冬羽相似，但外侧初级飞羽末端无白色翼镜斑，尾末端具黑色亚端斑和窄的白色尖端。虹膜为暗褐色或黄褐色，幼鸟几乎为白色；嘴、脚为深红色，幼鸟为黄色或橙色，嘴尖端呈暗色。

· **生态习性：**主要以鱼、虾、软体动物、甲壳类和水生昆虫为食。

红嘴鸥　*Chroicocephalus ridibundus*

鸻形目　Charadriiformes

鸥科　Laridae

红嘴鸥

Chroicocephalus ridibundus

· **外形特征：**红嘴鸥夏羽时期头至颈上部为咖啡褐色，羽缘微沾黑，眼后缘有一星月形白斑。颏中央为白色。颈下部、上背、肩、尾上覆羽和尾为白色，下背、腰及翅上覆羽为淡灰色。翅前缘、后缘和初级飞羽呈白色。第 1 枚初级飞羽外侧呈黑色，至近端转白色，内侧灰白色而具灰色羽缘，先端转黑色。第 2 ~ 4 枚初级飞羽外侧呈白色，内侧呈灰白色，具黑色端斑，其余飞羽为灰色，具白色先端。嘴——暗红色，先端黑色；脚和趾——赤红色，冬时转为橙黄色；爪——黑色。

· **生态习性：**常 3 ~ 5 只成群活动，在海上浮于水面或立于漂浮木或固定物上，或与其他海洋鸟类混群，在鱼群上作燕鸥样盘旋飞行。食物主要以小鱼、虾、水生昆虫、甲壳类、软体动物等为食，也吃蝇、鼠类、蜥蜴等小型陆栖动物和死鱼，以及其他小型动物尸体。

鸻形目 Charadriiformes

鸥科 Laridae

渔鸥

Ichthyaetus ichthyaetus

· **外形特征：**渔鸥夏羽时期头为黑色，眼上下具白色斑。后颈、腰、尾上覆羽和尾呈白色。背、肩、翅上覆羽为淡灰色，肩羽具白色尖端。初级飞羽为白色，具黑色亚端斑；内侧 3 枚初级飞羽为灰色。第 1 ~ 2 枚初级飞羽外侧为黑色。次级飞羽为灰色，具白色端斑，下体为白色。冬羽时期头为白色，具暗色纵纹，眼上、眼下有星月形暗色斑。其余似夏羽。幼鸟上体呈暗褐色和白色斑杂状，腰和下体呈白色，尾为白色，具黑色亚端斑。虹膜——暗褐色；嘴——粗壮，黄色，具黑色亚端斑和红色尖端；脚和趾——黄绿色。幼鸟嘴为黑色，脚和趾为褐色。

· **生态习性：**常成小群活动，多出入于开阔的海边盐碱地和沼泽地上，特别是生长有矮小盐碱植物的泥质滩涂。也频繁地在附近水域上空飞翔，有时亦出现于内陆湖泊。越冬的渔鸥多单只或成小群活动于湖泊等水域中。主要以鱼为食，也吃鸟卵，雏鸟、蜥蜴、昆虫、甲壳类，以及鱼和其他动物内脏等废弃物。

鸻形目　Charadriiformes

鸥科　Laridae

小黑背银鸥

Larus fuscus

· **外形特征：**小黑背鸥翼展可达 135 ~ 150 厘米，与其他鸥类相比，其体型更为细长，身材也相对较小。眼睛周围有黑色的飞沫状斑点。其喙是亮黄色的，且有一个鲜红的斑点。小黑背鸥的背毛的颜色多变，根据不同群体从深灰到黑色变化不定，翅尖的黑色部分有时较难辨认。双腿呈黄色。但是冬天的成年小黑背鸥背后呈深色，腿呈肉色，头部干净且呈白色，而且体型显得比平时更大。

· **生态习性：**小黑背鸥的栖息地包括草地、湿地、海洋浅海、海洋间沙质海岸或沙洲、海洋海岸上层、人工陆地、人工水域和海洋。小黑背鸥主要以鱼和水生无脊椎动物为食，有时也伴随海上航行的船只，捡食从船上扔下的废弃物品，也在陆地上啄食鼠类、蜥蜴等动物尸体，有时也偷食鸟卵和雏鸟。但是更倾向于在海上觅食，尤其是冬季。

小黑背银鸥 *Larus fuscus*

鸻形目　Charadriiformes

鸥科　Laridae

普通燕鸥

Sterna hirundo

· **外形特征：**夏羽从前额经眼到后枕的整个头顶部为黑色，背、肩和翅上覆羽为鼠灰色或蓝灰色。颈、腰、尾上覆羽和尾为白色。外侧尾羽延长，外侧呈黑色。在翅折合时长度达到尾尖。尾呈深叉状。眼以下的颊部、嘴基、颈侧、颏、喉和下体呈白色，胸、腹沾葡萄为灰褐色。初级飞羽为暗灰色，外侧羽缘沾银灰黑色，羽轴为白色，内侧具宽阔的白缘、由外向内渐次变小。第 1 枚初级飞羽外侧为黑色。次级飞羽为灰色，内侧和羽端为白色。冬羽和夏羽相似，但前额为白色。头顶前部为白色而具黑色纵纹。

· **生态习性：**普通燕鸥栖息于平原、草地、荒漠中的湖泊、河流、水塘和沼泽地带，也出现于海岸和沿海。常呈小群活动，频繁地飞翔于水域和沼泽上空。飞行轻快而敏捷，两翅煽动缓慢而轻微，并不时地在空中翱翔和滑翔，窥视水中猎物，如发现猎物，则急冲直下，捕获后又返回空中。有时也飘浮于水面。主要以小鱼、虾、甲壳类、昆虫等小型动物为食，也常在水面或飞行中捕食飞行的昆虫。

第十章

鸮形目

Strigiformes

鸮形目　Strigiformes

鸱鸮科　Strigidae

领鸺鹠

Glaucidium brodiei

· **外形特征：**眼为黄色，颈圈呈浅色，无耳羽簇。上体为浅褐色而具橙黄色横斑；头顶为灰色，具白或皮黄色的小型“眼状斑”；喉白而满具褐色横斑；胸及腹部为皮黄色，具黑色横斑；大腿及臀为白色具褐色纵纹。颈背有橘黄色和黑色的假眼。虹膜——黄色；嘴——角质色；脚——灰色。

· **生态习性：**栖息于山地森林和林缘灌丛地带，除繁殖期外都是单独活动。主要以昆虫和鼠类为食，也吃小鸟和其他小型动物。

鸮形目 Strigiformes

鸱鸮科 Strigidae

斑头鸺鹠

Glaucidium cuculoides

· **外形特征：**无耳羽簇；上体为棕栗色而具赭色横斑，沿肩部有一道白色线条将上体断开；下体几乎全为褐色，具赭色横斑；臀有片白，两胁有栗色；白色的颏纹明显，下线为褐色和皮黄色。尾羽上有 6 道鲜明的白色横纹，端部有白缘。虹膜——黄褐；嘴——偏绿而端黄；脚——绿黄。

· **生态习性：**栖息于从平原、低山丘陵到海拔 2000 米左右的中山地带的阔叶林、混交林、次生林和林缘灌丛，也出现于村寨和农田附近的疏林和树上。大多单独或成对活动。多数时候在白天活动和觅食，能像鹰一样在空中捕捉小鸟和大型昆虫，也在晚上活动。

鸮形目 Strigiformes

鸱鸮科 Strigidae

纵纹腹小鸮

Athene noctua

· **外形特征：**头顶平，眼亮黄而长凝。浅色的平眉及宽阔的白色髭纹使其看似狰狞。上体为褐色，具白色纵纹及点斑。下体为白色，具褐色杂斑及纵纹。肩上有两道白色或皮黄色的横斑。虹膜——亮黄色；嘴——角质黄色；脚——白色，被羽。

· **生态习性：**栖息于低山丘陵、林缘灌丛和平原森林地带。主要在白天活动，常在大树顶端和电线杆上休息。飞行迅速，主要通过等待和快速追击来捕猎食物。

鸮形目 Strigiformes

鸱鸮科 Strigidae

红角鸮

Otus sunia

· **外形特征：**红角鸮又叫东方角鸮，眼为明亮的黄色，体羽多纵纹，有棕色型和灰色型之分。虹膜——黄色；嘴——角质色；脚——灰褐色。

· **生态习性：**纯夜行性的小型角鸮，喜有树丛的开阔原野。

鸮形目　Strigiformes

鸱鸮科　Strigidae

雕鸮

Bubo bubo

· **外形特征：**耳羽簇长，橘黄色的眼特显形大。面盘显著，为淡棕黄色，杂以褐色的细斑。眼的上方有一个大形黑斑。皱领为黑褐色，头顶为黑褐色，喉部为白色。耳羽特别发达，显著突出于头顶两侧。体羽有褐色斑驳。胸部片黄，多具深褐色纵纹且每片羽毛均具褐色横斑。羽延伸至趾。虹膜——橙黄色；嘴——灰色；脚——黄色。

· **生态习性：**栖息于山地、平原、荒野、林缘灌丛、疏林，以及裸露的高山和峭壁等环境中。

鸮形目　Strigiformes

鸱鸮科　Strigidae

黄腿渔鸮

Ketupa flavipes

· **外形特征：**眼黄，具蓬松的白色喉斑。上体为棕黄色，具醒目的深褐色纵纹但纹上无斑。虹膜——黄色；嘴——角质黑色，蜡膜绿色；脚——偏灰。

· **生态习性：**喜栖于海拔 1500 米以下的山区茂密森林的溪流畔，主要捕食鱼类。

第十一章

鹰形目

Accipitriformes

鹰形目 Accipitriformes

鹗科 Pandionidae

鹗

Pandion haliaetus

· **外形特征：** 鹗，俗称鱼鹰。头部白色，头顶具有黑褐色的纵纹，枕部的羽毛稍微呈披针形延长，形成一个短的羽冠。头的侧面有一条宽阔的黑带，从前额的基部经过眼睛到后颈部，并与后颈的黑色融为一体。上体为沙褐色或灰褐色，略微具有紫色的光泽。下体为白色，颏部、喉部微具细的暗褐色羽干纹，胸部具有赤褐色的斑纹，飞翔时两翅狭长，不能伸直，翼角向后弯曲成一定的角度，常在水面的上空翱翔盘旋，从下面看，白色的下体和翼下覆羽同翼角的黑斑，胸部的暗色纵纹和飞羽，以及尾羽上相间排列的横斑均极为醒目。虹膜为淡黄色或橙黄色，眼周裸露皮肤铅黄绿色；嘴为黑色；蜡膜为铅蓝色；脚和趾为黄色，爪为黑色。

· **生态习性：** 栖息于湖泊、河流、海岸或开阔地带，尤其喜欢在山地森林中的河谷或有树木的水域地带活动。常见在江河、湖沼及海滨一带飞翔，一见水中有饵，就直下水面，用脚掠之而去。趾具锐爪，趾底遍生细刺，外趾复能由前向后反转，这些都很适于捕鱼。在天气晴朗之日，盘旋于水面上空，定点后俯冲而下，再将捕获的鱼带至岩石、电杆、树上等地方享用。巢常营于海岸或岛屿的岩礁上。主要以鱼为食，有时也捕食蛙、蜥蜴、小型鸟类等动物。

鹗　*Pandion haliaetus*

鹰形目　Accipitriformes

鹰科　Accipitridae

黑冠鹃隼

Aviceda leuphotes

· **外形特征：**一种体型略小（32 厘米）的黑白色鹃隼。头顶具有长而垂直竖立的蓝黑色冠羽，极为显著。整体体羽为黑色，胸具白色宽纹，翼具白斑，腹部具深栗色横纹。两翼短圆，飞行时可见黑色衬，翼灰而端黑。飞行时振翼如鸦，滑翔时两翼平直。虹膜——红色；嘴——角质色，蜡膜灰色；脚——深灰。叫声为一至三轻音节的假声尖叫，似海鸥的咪咪叫。

· **生态习性：**喜成对或成小群活动，振翼作短距离飞行至空中，或在地面捕捉大型昆虫。于中国四川、云南为留鸟，其他地区为夏候鸟，栖息于平原低山丘陵和高山森林地带，也出现于疏林草坡、村庄和林缘田间地带。性警觉而胆小，但有时也显得迟钝而懒散，头上的羽冠经常忽而高高地耸立，忽而又低低地落下，好像对周围所发生的事情都非常地敏感。

鹰形目　Accipitriformes

鹰科　Accipitridae

赤腹鹰

Accipiter soloensis

- **外形特征：**上体为淡蓝灰，背部羽尖略具白色，外侧尾羽具不明显的黑色横斑；下体白，胸及两胁略沾粉色，两胁具浅灰色横纹，腿上也略具横纹。成鸟翼下特征为除初级飞羽羽端黑色外，几乎全白。虹膜——红或褐色；嘴——灰色，端黑，蜡膜橘黄色；脚——橘黄色。

- **生态习性：**栖息于山地森林和林缘地带，也见于低山丘陵和山麓平原地带的小块丛林，有时也见于开阔地带。

鹰形目 Accipitriformes

鹰科 Accipitridae

雀鹰

Accipiter nisus

· **外形特征：**雄鸟上体褐灰，白色的下体上多具棕色横斑，尾具横带。雌鸟体型较大，上体褐，下体白，胸、腹部及腿上具灰褐色横斑，无喉中线，脸颊棕色较少。虹膜——艳黄色；嘴——角质色，端黑；脚——黄色。

· **生态习性：**栖息于针叶林、混交林、阔叶林等山地森林和林缘地带，喜在高山幼树上筑巢。

鹰形目 Accipitriformes

鹰科 Accipitridae

白尾鹞

Circus cyaneus

· **外形特征：**白尾鹞属中型猛禽，体长 41 ~ 53 厘米。雄鸟上体为蓝灰色、头和胸较暗，翅尖为黑色，尾上覆羽为白色，腹、两胁和翅下覆羽为白色。飞翔时，从上面看，蓝灰色的上体、白色的腰和黑色翅尖形成明显对比；从下面看，白色的下体，较暗的胸和黑色的翅尖亦形成鲜明对比。雌鸟上体呈暗褐色，尾上覆羽为白色，下体为皮黄白色或棕黄褐色，杂以粗的红褐色或暗棕褐色纵纹；常贴地面低空飞行，滑翔时两翅上举成“V”字形，并不时地抖动。

· **生态习性：**栖息于平原和低山丘陵地带，尤其是平原上的湖泊、沼泽、河谷、草原、荒野以及农田耕地、沿海沼泽和芦苇塘等开阔地区。

鹰形目　Accipitriformes

鹰科　Accipitridae

白尾海雕

Haliaeetus albicilla

- **外形特征：** 头及胸浅褐，嘴黄而尾白。翼下近黑的飞羽与深栗色的翼下形成对比。嘴大，尾短且呈楔形，飞行时似鹫。虹膜——黄色；嘴及蜡膜——黄色；脚——黄色。

- **生态习性：** 显得懒散，蹲立不动达几个小时。飞行时振翅甚缓慢。高空翱翔时两翼弯曲略向上。主要栖息于沿海、河口、江河附近的广大沼泽地区以及某些岛屿。

鹰形目　Accipitriformes

鹰科　Accipitridae

大鵟

Buteo hemilasius

· **外形特征：** 大鵟有几种色型，淡色型、暗色型和中间型等类型，其中以淡色型较为常见。大鵟似棕尾鵟但体型较大，尾上偏白并常具横斑，腿深色，次级飞羽具清楚的深色条带。浅色型具深棕色的翼缘。深色型初级飞羽下方的白色斑块比棕尾鵟小。尾常为褐色而非棕色，先端为灰白色。跗跖的前面通常被有羽毛。虹膜——黄或偏白；嘴——蓝灰，蜡膜黄绿色；脚——黄色。

· **生态习性：** 栖息于山地、山脚平原和草原等地区，也出现在高山林缘和开阔的山地草原与荒漠地带，垂直分布高度可以达到 4000 米以上。

鹰形目 Accipitriformes

鹰科 Accipitridae

喜山鵟

Buteo refectus

· **外形特征：**喜山鵟为中型猛禽，体长 45 ~ 53 厘米，翼展 112 ~ 118 厘米。体重 575 ~ 1073 克。上体呈深红褐色；脸侧皮黄具近红色细纹，栗色的髭纹显著；下体主要为暗褐色或淡褐色，具深棕色横斑或纵纹，尾羽为淡灰褐色，具有多道暗色横斑，飞翔时两翼宽阔，在初级飞羽的基部有明显的白斑，翼下为肉色，仅翼尖、翼角和飞羽的外缘为黑色（淡色型）或者全为黑褐色（暗色型），尾羽呈扇形散开。在高空翱翔时两翼略呈“V”形。另外，它的鼻孔的位置与嘴裂平行，而其他鵟类的鼻孔则与嘴裂呈斜角。虹膜——黄色至褐色；鸟喙——灰色，端黑；蜡膜——黄色；脚——黄色。

· **生态习性：**繁殖期间主要栖息于山地森林和林缘地带，从 400 米山脚阔叶林到 2000 米的混交林和针叶林地带均有分布，有时甚至出现于海拔 2500 米以上的山顶苔原带上空，秋冬季节则多出现于低山丘陵和山脚平原地带。

喜山鵟　Buteo refectus

鹰形目　Accipitriformes

鹰科　Accipitridae

普通鵟

Buteo japonicus

· **外形特征：**主要为深红褐色；脸侧皮黄具近红色细纹，栗色的髭纹显著；下体偏白上具棕色纵纹，两胁及大腿沾棕色。飞行时两翼宽而圆，初级飞羽基部具特征性白色块斑。翼下为肉色，仅翼尖、翼角和飞羽的外缘为黑色（淡色型）或者全为黑褐色（暗色型），尾羽呈扇形散开，尾近端处常具黑色横纹。虹膜——黄色至褐色；嘴——灰色，端黑，蜡膜黄色；脚——黄色。

· **生态习性：**常在开阔平原、荒漠、旷野、开垦的耕作区、林缘草地和村庄上空盘旋翱翔。

第十二章

犀鸟目

Bucerotiformes

犀鸟目 Bucerotiformes

戴胜科 Upupidae

戴胜

Upupa epops

· **外形特征：**戴胜具有长而尖黑的耸立型粉棕色丝状冠羽。冠羽顶端有黑斑，冠羽平时褶叠倒伏不显。受惊、鸣叫或在地上觅食时，冠能耸起。头、上背、肩及下体呈粉棕色，两翼及尾具黑白相间的条纹。嘴长且下弯。虹膜——褐色；嘴——黑色；脚——黑色。

· **生态习性：**栖息在开阔的田园、园林、郊野的树干上。大多单独或成对活动。性活泼，喜开阔潮湿地面，长长的嘴在地面翻动寻找食物。有警情时冠羽立起，起飞后松懈下来。

第十三章

佛法僧目
Coraciiformes

佛法僧目　Coraciiformes

翠鸟科　Alcedinidae

普通翠鸟

Alcedo atthis

· **外形特征：**普通翠鸟体小（15 厘米）、呈亮蓝色及棕色，上体为金属浅蓝绿色，颈侧具白色点斑；下体为橙棕色，颏白。雌雄鸟嘴的颜色不一样。幼鸟色黯淡，具深色胸带。虹膜——褐色；嘴——黑色（雄鸟），下嘴橘黄色（雌鸟）；脚——红色。叫声为拖长音的尖叫声“tea-cher”。

· **生态习性：**普通翠鸟是常见的留鸟。单独或成对活动。长时间站立于近水处的树枝或岩石上耐心观察，发现小鱼浮至水面，俯冲到水面用尖嘴将鱼捕获，飞到树上或岩石上吞食。

佛法僧目　Coraciiformes

翠鸟科　Alcedinidae

冠鱼狗
Megaceryle lugubris

· **外形特征：**一种体型非常大（41 厘米）的鱼狗。冠羽发达，上体青黑并多具白色横斑和点斑，蓬起的冠羽也如是。大块的白斑由颊区延至颈侧，下有黑色髭纹。下体为白色，具黑色的胸部斑纹，两胁具皮黄色横斑。雄鸟翼线为白色，雌鸟为黄棕色。虹膜——褐色；嘴——黑色；脚——黑色。飞行时作尖厉刺耳的“aeek”叫声。

· **生态习性：**冠鱼狗栖息于山麓、小山丘或平原森林河溪间。常光顾流速快、多砾石的清澈河流及溪流。飞行慢而有力且不盘飞。栖息于水边矮树近水面的低枝或大块岩石上，或跃飞空中，静观水中游鱼，一旦发现，立刻俯冲水中捕取，然后飞至树枝上吞食。

佛法僧目 Coraciiformes

—

翠鸟科 Alcedinidae

蓝翡翠

Halcyon pileata

· **外形特征：**一种体大（30 厘米）的蓝色、白色及黑色翡翠鸟。以头黑为特征，翼上覆羽为黑色，上体其余为亮丽华贵的蓝色 / 紫色。两胁及臀沾棕色，飞行时白色翼斑显见。虹膜——深褐色；嘴——红色；脚——红色。受惊时尖声大叫。

· **生态习性：**其生态习性与科内其他种相似。以鱼为食，也吃虾、螃蟹、蟛蜞和各种昆虫。常单独站立于水域附近的电线杆顶端，或较为稀疏的枝桠上，伺机猎取食物。晚间到树林或竹林中栖息。喜大河流两岸、河口及红树林。栖于悬于河上的枝头。较白胸翡翠更为河上鸟。

第十四章

啄木鸟目

Piciformes

啄木鸟目　Piciformes

拟啄木鸟科　Megalaimidae

大拟啄木鸟

Psilopogon virens

· **外形特征：** 体长 32 ~ 35 厘米。嘴大而粗厚，为象牙色或淡黄色；整个头、颈和喉为暗蓝色或紫蓝色，上胸暗褐色，下胸和腹淡黄色，具宽阔的绿色或蓝绿色纵纹尾下覆羽为红色。背、肩为暗绿褐色，其余上体呈草绿色，野外特征极明显，容易识别。我国还未见有与之相似的种类。

· **生态习性：** 常单独或成对活动，在食物丰富的地方有时也成小群。常栖于高树顶部，能站在树枝上像鹦鹉一样左右移动。叫声单调而宏亮，为不断重复的“go-o go-o”鸣叫声。食物主要为马桑、五加科植物以及其他植物的花、果实和种子，此外也吃各种昆虫。

啄木鸟目 Piciformes

啄木鸟科 Picidae

灰头绿啄木鸟

Picus canus

· **外形特征：** 一种中等体型（27 厘米）的绿色啄木鸟。识别特征为下体全灰，颊及喉亦灰。脚具 4 趾，外前趾较外后趾长。雄鸟前顶冠猩红，眼先及狭窄颊纹为黑色，枕及尾为黑色。雌鸟顶冠灰色而无红斑，嘴相对短而钝。诸多亚种大小及色彩各异。雌性 sobrinus 头顶及枕为黑色。雌性 tancolo 及 kogo 顶后及枕部具黑色条纹。雄性幼鸟嘴基灰褐色，额红色，呈近圆形斑并具橙黄色羽缘；头顶暗灰绿色具淡黑色羽轴点斑，头侧至后颈为暗灰色，两胁、下腹至尾下覆羽为灰白色并杂以淡黑色斑点和横斑。其余同成鸟。虹膜——红褐；嘴——近灰；脚——蓝灰。叫声为似绿啄木鸟的朗声大叫但声较轻细，尾音稍缓。告警叫声为焦虑不安的重复“kya”声。常发出响亮快速、持续至少 1 秒的錾木声。

· **生态习性：** 主要栖息于低山阔叶林和混交林，也出现于次生林和林缘地带，很少到原始针叶林中。秋冬季常出现于路旁、农田地边疏林，也常到村庄附近小林内活动。主要以蚂蚁、小蠹虫、天牛幼虫、鳞翅目、鞘翅目、膜翅目等昆虫为食。觅食时常由树干基部螺旋上攀，当到达树杈时又飞到另一棵树的基部再往上搜寻，能把树皮下或蛀食到树干木质部里的害虫用长舌粘钩出来。偶尔也吃植物果实和种子，如山葡萄、红松子、黄菠萝球果和草籽。

啄木鸟目 Piciformes

啄木鸟科 Picidae

斑姬啄木鸟

Picumnus innominatus

· **外形特征：**一种纤小（10 厘米）、橄榄色背的似山雀型啄木鸟。特征为下体多具黑点，脸及尾部具黑白色纹。雄鸟前额橘黄色。虹膜——红色；嘴——近黑；脚——灰色。叫声为反复而尖厉的“tsit”声；告警时发出似拨浪鼓的声音。

· **生态习性：**栖于热带低山混合林的枯树或树枝上，尤喜竹林。觅食时持续发出轻微的叩击声。

啄木鸟目　Piciformes

啄木鸟科　Picidae

星头啄木鸟

Yungipicus canicapillus

· **外形特征：**一种体小（15 厘米）具黑白色条纹的啄木鸟。下体无红色，头顶为灰色；雄鸟眼后上方具红色条纹，腹部为棕黄色。亚种 nagamichii 少白色肩斑，omissus、nagamichii 及 scintilliceps 背白具黑斑。虹膜——淡褐色；嘴——灰色；脚——绿灰色。叫声为尖厉的“ki ki ki ki rrr……”颤音。

· **生态习性：**栖息于各类林地。常单独或成对活动，多在树木中上部攀爬，以各类昆虫为主食。营巢于树洞中，每窝产卵 4 ~ 5 枚。

啄木鸟目 Piciformes

啄木鸟科 Picidae

大斑啄木鸟

Dendrocopos major

· **外形特征：**一种体型中等（24 厘米）的常见型黑白相间的啄木鸟。雄鸟枕部具狭窄红色带而雌鸟无。两性臀部均为红色，但带黑色纵纹的近白色胸部上无红色或橙红色，以此有别于相近的赤胸啄木鸟及棕腹啄木鸟。幼鸟（雄性）整个头顶为暗红色，枕、后颈、背、腰、尾上覆羽和两翅为黑褐色，较成鸟浅淡。虹膜——近红色；嘴——灰色；脚——灰色。錾木声响亮，鸣声尖锐刺耳，略似“滴栖”或“栖衣”，常且飞且鸣。巢营于树洞中。

· **生态习性：**常见树丛及森林间，为啄木鸟类中最常见的一种。脚强健，有趾 4 个，其中 2 个向前，2 个向后，各趾的趾端均具有锐利的爪，巧于攀登树木。尾羽的羽干刚硬如棘，能以其尖端撑在树干上，助脚支持体重并攀木。嘴强直如凿；舌细长，能伸缩自如，先端并列生短钩。攀木觅食时以嘴叩树，叩得非常快，好像击鼓一般。察出有虫时，就啄破树皮，以舌探入钩取害虫为食。索食时，从树干下方依螺旋式而渐攀至上方。

第十五章

隼形目
Falconiformes

隼形目　Falconiformes

隼科　Falconidae

红隼

Falco tinnunculus

- **外形特征：**雄鸟头顶及颈背为灰色，尾蓝灰无横斑，上体赤褐略具黑色横斑，下体皮黄而具黑色纵纹。雌鸟体型略大，上体全褐，比雄鸟少赤褐色而多粗横斑。虹膜——褐色；嘴——灰而端黑，蜡膜黄色；脚——黄色。

- **生态习性：**红隼平常喜欢单独活动，尤以傍晚时最为活跃。飞翔力强，喜逆风飞翔，可快速振翅停于空中。

隼形目 Falconiformes

隼科 Falconidae

燕隼

Falco subbuteo

· **外形特征：** 上体为暗蓝灰色，有一个细细的白色眉纹，颊部有一个垂直向下的黑色髭纹。翼长，腿及臀为棕色，上体深灰，胸乳白而具黑色纵纹。虹膜——褐色；嘴——灰色，蜡膜黄色；脚——黄色。

· **生态习性：** 燕隼是我国猛禽中较为常见的种类，栖息于有稀疏树木生长的开阔平原、旷野、耕地、海岸、疏林和林缘地带，高可至海拔 2000 米。

第十六章

雀形目

Passeriformes

雀形目 Passeriformes

黄鹂科 Oriolidae

黑枕黄鹂

Oriolus chinensis

· **外形特征：**一种中等体型（26 厘米）的黄色及黑色的鹂。过眼纹及颈背为黑色，飞羽多为黑色。雄鸟体羽余部艳黄色。雌鸟色较暗淡，背为橄榄黄色。亚成鸟背部呈橄榄色，下体近白而具黑色纵纹。虹膜——红色；嘴——粉红色；脚——近黑色。叫声清澈如流水般的笛音“lwee，wee，wee-leeow”，有多种变化；也作甚粗哑的似责骂叫声及平稳哀婉的轻哨音。

· **生态习性：**黑枕黄鹂在我国主要为夏候鸟，部分为留鸟。通常每年 4 ~ 5 月迁来我国北方繁殖，9 ~ 10 月南迁。主要栖息于低山丘陵和山脚平原地带的天然次生阔叶林、混交林，也出入于农田、原野、村寨附近和城市公园的树上，尤其喜欢天然栎树林和杨木林。常单独或成对活动，有时也见呈 3 ~ 5 只的松散群。主要在高大乔木的树冠层活动，很少下到地面。繁殖期间喜欢隐藏在树冠层枝叶丛中鸣叫，鸣声清脆婉转，富有弹音，并且能变换腔调和模仿其他鸟的鸣叫，清晨鸣叫最为频繁，有时边飞边鸣，飞行呈波浪式。

雀形目　Passeriformes

莺雀科　Vireonidae

红翅鵙鹛

Pteruthius aeralatus

· **外形特征：**体中小型，头似伯劳，但尾较短，上体色暗，下体色淡，翅具红斑。雄体额头顶及枕为黑色，具黑蓝色金属光泽；背、腰及尾上覆羽为灰蓝色；眼先为黑色；颊及耳羽黑色染灰；眉纹白色从眼前缘后伸达颈侧；颏、喉、上胸为灰色；下胸、上腹及两胁为浅灰色，飞羽为黑褐色；初级飞羽除第 1 枚外，均具白色端斑，其中以第 5 枚白斑最大，两侧较小；自第 3 枚初级飞羽始以内的各飞羽外翈缘具蓝黑色金属光泽。最内侧 3 枚飞羽内明棕红，外翈鲜黄，并具蓝黑色羽端斑，倒数第 4 枚最内侧飞羽中部的外翈鲜黄；余部与其余 4 枚飞羽同。翼上各覆羽黑褐，具蓝黑色外翈缘，翼缘白色，羽下覆羽白色；尾羽黑褐，外翈缘具蓝黑色金属光泽；尾羽具细的隐横纹。

· **生态习性：**主要栖息于落叶阔叶林、常绿阔叶林和针阔混交林的山地森林中，在不同的国家栖息的海拔高度不同。留鸟，除繁殖季节成对活动外，其他季节多集小群活动。繁殖季节成对活动。一般 6 ~ 7 只结集小群或与其他小鸟混群活动。常在阔叶树上的树枝间跳动寻食，或攀缘活动于灌丛间，有时缓慢地沿树干向上移动直到树顶，在树木裂缝和枝叶间搜寻食物，行动甚迟缓但不胆怯，栖息在灌木小枝的顶端。

雀形目 Passeriformes

莺雀科 Vireonidae

淡绿鵙鹛

Pterruthius xanthochlorus

· **外形特征：**淡绿鵙鹛体小（12 厘米），呈橄榄绿色，黑色的嘴粗厚。特征为眼圈白，喉及胸偏灰，腹部、臀及翼线为黄色。初级覆羽灰色，具浅色翼斑。虹膜——灰褐色；嘴——蓝灰色，嘴端黑色；脚——灰色。

· **生态习性：**主要栖息于海拔 1500 ~ 3000 米的山地针叶林和针阔叶混交林中。秋冬季节也下到海拔 1000 米左右的中低山森林和林缘疏林灌丛地带。常单独或成对活动，性宁静，行为谨慎，行动迟缓，常不声不响地在树上部枝叶间搜觅食物，有时亦静静地躲藏在枝叶丛间观察昆虫动态，很少鸣叫。常与山雀、鹛及柳莺混群。

雀形目 Passeriformes

山椒鸟科 Campephagidae

灰喉山椒鸟

Pericrocotus solaris

· **外形特征：**一种体小（17 厘米）的红色或黄色山椒鸟。红色雄鸟与其他山椒鸟的区别在喉及耳羽为暗深灰色。黄色雌鸟与其他山椒鸟的区别在额、耳羽及喉少黄色。亚种 montpelieri 的雄鸟上背为暗橄榄色，腰为橄榄黄色，尾覆羽为红色。虹膜——深褐色；嘴及脚——黑色。

· **生态习性：**一般见于海拔 1200 ~ 2000 米的山区森林。冬季形成较大群。栖于高至海拔 1500 米的落叶林及常绿林。常成小群活动，有时亦与赤红山椒鸟混杂在一起。性活泼，飞行姿势优美，常边飞边叫，叫声尖细，其音似“咻咻”声，声音单调，第一音节缓慢而长，随之为急促的短音或双音。喜欢在疏林和林缘地带的乔木上活动，觅食也多在树上，很少到地上活动。冬季也常到低山和山脚平原地带的次生林、小块丛林甚至茶园间活动。以昆虫为食，仅偶尔吃少量植物果实与种子。所吃昆虫主要为鳞翅目、鞘翅目、双翅目、膜翅目、半翅目等昆虫和昆虫幼虫。

雀形目 Passeriformes

山椒鸟科 Campephagidae

长尾山椒鸟

Pericrocotus ethologus

· **外形特征：** 一种体大（20 厘米）的黑色山椒鸟。具红色或黄色斑纹，尾形长。雄鸟红色，头部黑。雌鸟额基为黄色。两道翼斑汇聚于粗带。虹膜——褐色；嘴——黑色；脚——黑色。叫声为本种特有的甜润双声笛音“pi-ru”声，第二音较低。

· **生态习性：** 主要栖息于山地森林中，无论是山地常绿阔叶林、落叶阔叶林、针阔叶混交林，还是针叶林，都见有栖息。也出入于林缘次生林和杂木林，尤其喜欢栖息在疏林草坡乔木树顶上，冬季也常到山麓和平原地带疏林内。主要以昆虫为食。

雀形目 Passeriformes

山椒鸟科 Campephagidae

小灰山椒鸟

Pericrocotus cantonensis

· **外形特征：**一种体小（18 厘米）的黑、灰及白色山椒鸟。前额有明显的白色。雌鸟似雄鸟，但褐色较浓，有时无白色翼斑。虹膜——褐色；嘴——黑色；脚——黑色。叫声有颤音似灰山椒鸟。

· **生态习性：**繁殖期 5 ~ 7 月。通常营巢于落叶阔叶林和红松阔叶混交林中，巢多置于高大树木侧枝上。巢呈碗状，主要由枯草、细枝、树皮、苔藓、地衣等材料构成。距地高 4 ~ 15 米，巢隐蔽很好，周围多有浓密的枝叶掩盖。

雀形目 Passeriformes

卷尾科 Dicruridae

黑卷尾

Dicrurus macrocercus

· **外形特征：**一种中等体型（30 厘米）的蓝黑色而具辉光的卷尾。嘴小，嘴角具白点。尾长而叉深，在风中常上举成一奇特角度。亚成鸟下体下部具近白色横纹。幼鸟上体与成鸟相似，次级飞羽的先端缘以淡色，翼缘杂以白斑。虹膜——红色；嘴及脚——黑色。叫声为“hee-luu-luu”“eluu-wee-weet”或“hoke-chok-wak-we-wak”声，活跃多变，还能模仿他鸟鸣叫。

· **生态习性：**平时栖息在山麓或沿溪的树顶上，或竖立在田野间的电线杆上，一见下面有虫时，往往由栖枝直降至地面或其附近处捕取为食，随后复向高处直飞，形成“U”字状的飞行路径。它还常落在草场上放牧的家畜背上，啄食被家畜惊起的虫类。主食各种昆虫及幼虫，如蝗虫、甲虫、蜻蜓、胡蜂、金花虫、瓢、蝉、天社蛾幼虫等。

雀形目　Passeriformes

卷尾科　Dicruridae

灰卷尾

Dicrurus leucophaeus

· **外形特征：**一种中等体型（28 厘米）的灰色卷尾。全身为暗灰色，鼻羽和前额为黑色，眼先及头之两侧为纯白色，故又有白颊卷尾之称。尾长而分叉，尾羽上有不明显的浅黑色横纹，脸偏白。虹膜——橙红色；嘴——灰黑色；脚——黑色。发出清晰嘹亮的鸣声“huur-uur-cheluu”或“wee-peet，wee-peet”声。另有咪咪叫声及模仿其他鸟的叫声，据称有时在夜里作叫。

· **生态习性：**飞翔姿势与生活习性和黑卷尾相似。成对活动，立于林间空地的裸露树枝或藤条，捕食过往昆虫，攀高捕捉飞蛾或俯冲捕捉飞行中的猎物。食物以昆虫为主，灰卷尾多站在高树顶上等待飞虫的到来，见有飞虫由附近飞过，就很快地由栖息处向下直飞，掠捕后又突然转折向上，再飞回原处，形似“U”字形。主要以农林害虫为食，如蝽象、白蚁和松毛虫等，也吃植物种子。

雀形目 Passeriformes

卷尾科 Dicruridae

发冠卷尾

Dicrurus hottentottus

· **外形特征：**一种体型略大（32 厘米）的黑天鹅绒色卷尾。头具细长羽冠，体羽斑点闪烁。尾长而分叉，外侧羽端钝而上翘形似竖琴。指名亚种嘴较厚重。雌性成鸟体羽似雄鸟，但铜绿色金属光泽不如雄鸟鲜艳；额顶基部的发状羽冠亦较雄鸟短小。虹膜——红或白色；嘴及脚——黑色。叫声为悦耳嘹亮的鸣声，偶有粗哑刺耳叫声。

· **生态习性：**单独或成对活动，很少成群。主要在树冠层活动和觅食，树栖性。飞行较其他卷尾快而有力，飞行姿势亦较优雅，常常是先向上飞，在空中作短暂停留后，才快速降落到树上，如发现空中飞行的昆虫，立刻飞去捕食。鸣声单调、尖厉而多变。主要以金龟甲、金花虫、蝗虫、蚱蜢、竹节虫、椿象、瓢虫、蚂蚁、蜂、蛇、蜻蜓、蝉等各种昆虫为食，偶尔也吃少量植物果实、种子、叶芽等植物性食物。

雀形目 Passeriformes

王鹟科 Monarchidae

寿带

Terpsiphone incei

· **外形特征：** 寿带鸟身型优美，羽色漂亮，中等体型，头闪辉黑色，冠羽显著。雄鸟体长约 30 厘米，成年雄鸟的头、颈和羽冠均具深蓝色辉光，身体其余部分为白色而具黑色羽干纹。中央尾羽长达体躯的数倍，形似绶带。雄鸟易辨，一对中央尾羽在尾后特形延长，可达 25 厘米。雄鸟具两种色型，均不同于紫寿带。雌鸟体长约 18 厘米。成年雌鸟羽冠较成年雄鸟短，尾羽也短，头、颈、羽冠黑色具蓝色辉光，其余羽色近似雄鸟，为赭色。雌鸟尾羽长度约为雄鸟的一半。虹膜褐色；眼周裸露皮肤蓝色；嘴蓝色，嘴端黑色；脚蓝色。

· **生态习性：** 寿带鸟常见于山区或丘陵地带，在山区较平原地带更为常见。喜匿栖树丛中，在东部沿海喜栖于水杉、槐树林，有时也高踞树顶上，平时飞行缓慢，而且往往仅飞短距离即停止，但捕捉昆虫时十分迅速。惯于灌木枝头穿行或跳跃，很少在地面活动。在空中觅食捕捉各类昆虫，而不在地面上，白色的雄鸟飞行时显而易见。通常从森林较低层的栖处捕食，常与其他种类混群。寿带鸟发出笛声及甚响亮的“chee-tew”联络叫声，鸣唱时枕冠耸立振展，鸣声激昂洪亮。其食物绝大部分是昆虫，植物性食物仅占全部食量的不足 1%，主食蛾类、蝗虫、蝇类、金龟、松毛虫、金花虫、粉蝶等。

雀形目　Passeriformes

伯劳科　Laniidae

红尾伯劳

Lanius cristatus

· **外形特征：** 一种中等体型（20 厘米）的淡褐色伯劳。喉白。成鸟前额灰，眉纹白，宽宽的眼罩黑色，头顶及上体为褐色，下体皮黄。亚成鸟似成鸟但背及体侧具深褐色细小的鳞状斑纹。黑色眉毛使其有别于虎纹伯劳的亚成鸟。虹膜——褐色；嘴——黑色；脚——灰黑色。冬季通常无声，繁殖期发出“cheh-cheh-cheh”的叫声及鸣声。

· **生态习性：** 单独或成对活动，性活泼，常在枝头跳跃或飞上飞下。有时亦高高站立在小树顶端或电线上静静注视着四周，待有猎物出现时，才突然飞去捕猎，然后再飞回原来栖木上栖息。繁殖期间则常站在小树顶端仰首翘尾地高声鸣唱，鸣声粗犷、响亮、激昂有力，有时边鸣唱边突然飞向树顶上空，快速地扇动翅膀原地飞翔一阵后又落入枝头继续鸣唱，见到人后立刻往下飞入茂密的枝叶丛中或灌丛中。

雀形目 Passeriformes

伯劳科 Laniidae

棕背伯劳

Lanius schach

· **外形特征：**一种体型略大（25 厘米）而尾长的棕、黑及白色伯劳。黑翅、尾长尾黑。成鸟额、眼纹、两翼及尾为黑色，翼有一白斑；头顶及颈背为灰色或灰黑色；背、腰及体侧为红褐色；颏、喉、胸及腹中心部位为白色。头及背部黑色的扩展随亚种而有不同。亚成鸟色较暗，两肋及背具横斑，头及颈背为灰色较重。虹膜——褐色；嘴及脚——黑色。叫声为粗哑刺耳的尖叫声及颤抖的鸣声，有时模仿其他鸟的叫声。

· **生态习性：**除繁殖期成对活动外，多单独活动。常见在林旁、农田、果园、河谷、路旁和林缘地带的乔木树上与灌丛中活动，有时棕背伯劳也在田间和路边的电线上东张西望，一旦发现猎物，立刻飞去追捕，然后返回原处吞吃。

雀形目　Passeriformes

伯劳科　Laniidae

灰背伯劳

Lanius tephronotus

· **外形特征：**一种体型略大（25 厘米）而长尾的伯劳。似棕背伯劳但区别在上体为深灰色，仅腰及尾上覆羽具狭窄的棕色带。初级飞羽的白色斑块小或无。

· **生态习性：**栖息于自平原至海拔 4000 米的山地疏林地区，在农田及农舍附近较多。常栖息在树梢的干枝或电线上，俯视四周以抓捕猎物。以昆虫为主食，以蝗虫、蝼蛄、虾蜢、金龟（虫甲）、鳞翅目幼虫及蚂蚁等最多，也吃鼠类和小鱼及杂草。

雀形目 Passeriformes

鸦科 Corvidae

松鸦

Garrulus glandarius

· **外形特征：**一种体小（35 厘米）的偏粉色鸦。特征为翼上具黑色及蓝色镶嵌图案，腰白。髭纹黑色，两翼黑色具白色块斑。飞行时两翼显得宽圆。飞行沉重，振翼无规律。虹膜——浅褐色；嘴——灰色；脚——肉棕色。

· **生态习性：**常年栖息在针叶林、针阔叶混交林、阔叶林等森林中，有时也到林缘疏林和天然次生林内，很少见于平原耕地。冬季偶尔可到林区居民点附近的耕地或路边丛林活动和觅食。食性较杂，食物组成随季节和环境而变化。

雀形目　Passeriformes

—

鸦科　Corvidae

灰喜鹊

Cyanopica cyanus

· **外形特征：**一种体小（35 厘米）而细长的灰色喜鹊，外形酷似喜鹊，但稍小。顶冠、耳羽及后枕为黑色，两翼为天蓝色，尾长并呈蓝色。虹膜——褐色；嘴——黑色；脚——黑色。

· **生态习性：**多栖息于针叶林内，平时喜欢对成小群活动，常与八哥、乌鸫和其他小型乌鸦类混群。鸣声宏亮且粗粝，无韵律。

雀形目 Passeriformes

鸦科 Corvidae

红嘴蓝鹊

Urocissa erythroryncha

- **外形特征：**头、颈、胸部呈暗黑色，头顶羽尖缀白，枕、颈部羽端为白色；背、肩及腰部羽色为紫灰色；翅羽以暗紫色为主并衬以紫蓝色；中央尾羽为紫蓝色，末端有一宽阔的带状白斑；其余尾羽均为紫蓝色，末端具有黑白相间的带状斑；中央尾羽甚长，外侧尾羽依次渐短，因而构成梯状；下体为极淡的蓝灰色，有时近于灰白色。嘴壳为朱红色，足趾为红橙色。

- **生态习性：**主要栖息于山区常绿阔叶林、针叶林、针阔叶混交林和次生林等各种不同类型的森林中，也见于竹林、林缘疏林和村旁、地边树上。海拔高度从山脚平原、低山丘陵到3500米左右的高原山地。

雀形目 Passeriformes

鸦科 Corvidae

喜鹊

Pica serica

- **外形特征：**喜鹊是雀形目鸦科鹊属的鸟类。全身黑白两色，头、颈、胸、上体为黑色，翅上具大型白斑，腹白。

- **生态习性：**栖息于平原、丘陵、低山地区、农田及村镇。杂食性。

雀形目　Passeriformes

鸦科　Corvidae

星鸦

Nucifraga caryocatactes

· **外形特征：**一种体型略小（33 厘米）的深褐色而密布白色点斑的鸦。臀及尾角为白色。虹膜——深褐色；嘴——黑色；脚——黑色。

· **生态习性：**单独或成对活动，偶成小群。栖于松林，以松子为食。也埋藏其他坚果以备冬季食用。动作斯文，飞行起伏而有节律。

雀形目　Passeriformes

鸦科　Corvidae

秃鼻乌鸦

Corvus frugilegus

· **外形特征：**一种体型略大（47 厘米）的黑色鸦，嘴基部裸露皮肤浅灰白色。虹膜——深褐色；嘴——黑色；脚——黑色。

· **生态习性：**常栖息于平原丘陵低山地形的耕作区，有时会接近人群密集的居住区。是杂食性鸟类，在高树上筑成大群鸟巢；其巢筑以小枝和泥土，构造坚固，可年年使用。

雀形目 Passeriformes

鸦科 Corvidae

小嘴乌鸦

Corvus corone

- **外形特征：**雄雌同形同色，通体漆黑，无论是喙、虹膜还是双足均是饱满的黑色；飞羽和尾羽的光泽略呈蓝绿色，其他部分的光泽则呈蓝偏紫色，下体的光泽较黯淡。

- **生态习性：**杂食性鸟类，以腐尸、垃圾等杂物为食亦取食植物的种子和果实。

雀形目　Passeriformes

鸦科　Corvidae

大嘴乌鸦

Corvus macrorhynchos

· **外形特征：** 成年的大嘴乌鸦体长可达 50 厘米左右。雌雄相似。全身羽毛为黑色，除头顶、枕、后颈和颈侧光泽较弱外，其他包括背、肩、腰、翼上覆羽和内侧飞羽在内的上体均具紫蓝色金属光泽。初级覆羽、初级飞羽和尾羽具暗蓝绿色光泽。下体为乌黑色或黑褐色。喉部羽毛呈披针形，具有强烈的绿蓝色或暗蓝色金属光泽。其余下体黑色具紫蓝色或蓝绿色光泽，但明显较上体弱。喙粗且厚，上喙前缘与前额几成直角。额头特别突出。

· **生态习性：** 属常见的留鸟。喜欢在林间路旁、河谷、海岸、农田、沼泽和草地上活动，有时甚至出现于山顶灌丛和高山苔原地带。但冬季多下到低山丘陵和山脚平原地带，常在农田、村庄等人类居住地附近活动，有时也出入于城镇公园和城区树上。由于各大城市的“热岛效应”和“垃圾围城”等环境问题的影响，大嘴乌鸦在城市中极为常见，以路旁、公园中的高大乔木为落脚点。

雀形目　Passeriformes

—

玉鹟科　Stenostiridae

方尾鹟

Culicicapa ceylonensis

- **外形特征：**一种体小（13 厘米）而独具特色的鹟。头偏灰，略具冠羽，上体为橄榄色，下体为黄色。虹膜——褐色；嘴——上嘴黑色，下嘴角质色；脚——黄褐色。

- **生态习性：**喧闹活跃，在树枝间跳跃，不停捕食及追逐过往昆虫。常将尾扇开。多栖于森林的底层或中层，常与其他鸟混群。

雀形目　Passeriformes

山雀科　Paridae

火冠雀

Fire-capped Tit

· **外形特征：**火冠雀是一种体型纤小的山雀，体长约 10 ~ 11 厘米，体重约 7 克。雄鸟顶冠灰，脸罩黑，背棕色，尾凹形。雌鸟及幼鸟似雄鸟但色暗，脸罩略呈深色。看似啄花鸟。雄鸟特征为前额及喉中心为棕色，喉侧及胸为黄色，翼斑为黄色。雌鸟为暗黄橄榄色，下体皮黄，翼斑黄色，过眼线色浅。亚成鸟下体为白色。火冠雀西南亚种（Cephalopyrus flammiceps olivaceus）比指名亚种绿色较重。 虹膜——深褐色；嘴——灰黑色；脚——蓝灰色。

· **生态习性：**喜群栖，在树顶层取食。叫声为高音的“tsit”声及轻柔的“whitoo-whitoo”声，鸣声由细而高的音律构成。

雀形目 Passeriformes

山雀科 Paridae

煤山雀

Periparus ater

· **外形特征：**煤山雀雌雄羽色基本相似。雄鸟夏羽额、眼先、头顶、羽冠、枕一直到后颈为黑色具蓝色金属光泽；颊、耳羽和颈为白色，在头侧形成一大块白斑，后颈中央亦有一块大型白斑。背为蓝灰色，腰和尾上覆羽沾棕褐色，尾羽为黑褐色，外翈羽缘为银灰色，翅上覆羽为黑褐色，外翈羽缘为蓝灰色，中覆羽和大覆羽先端为白色，大翅上形成两道明显的白色翅斑。飞羽为褐色，外翈具细窄的银灰色羽缘，次级飞羽具细窄的白色尖端。颏喉和前胸为黑色，前胸黑色沿颈侧延伸形成一条黑带与后颈黑色相连；胸污白色，其余下体为乳白色或棕白色，腋羽和翅下覆羽为白色。雄鸟冬羽和夏羽相似，但上背灰色稍淡，下体羽色稍深暗。雌鸟和雄鸟冬羽相似。

· **生态习性：**性较活泼而大胆，不甚畏人。行动敏捷，常在树枝间穿梭跳跃，或从一棵树飞到另一棵树上，平时飞行缓慢，飞行距离亦短，但在受惊后飞行也很快。除繁殖期间成对活动外，其他季节多聚小群，有时也和其他山雀混群。偶尔也飞到空中和下到地上捕捉昆虫。不时发出“zi-zi-zi”声，繁殖期鸣声较为洪亮，尤其在春季繁殖初期鸣声更为急促多变。有储藏食物以备冬季之需的习惯，于冰雪覆盖的树枝下取食。

雀形目　Passeriformes

山雀科　Paridae

黄腹山雀

Pardaliparus venustulus

· **外形特征：**黄腹山雀雌雄异色。特征明显，一种野外不难识别体小（10 厘米）而尾短的山雀。下体为黄色，翼上具两排白色点斑，嘴甚短。虹膜——褐色；嘴——近黑；脚——蓝灰。叫声为高调的鼻音“si-si-si-si”。鸣声为重复的单音或双音似煤山雀，但较有力。

· **生态习性：**单独、成对或结群栖于林区。有间发性的急剧繁殖。除繁殖期成对或单独活动外，其他时候成群，常成 10~30 只的群体在高大的阔叶树或针叶树上，有时也与大山雀等其他鸟类混群。

雀形目　Passeriformes

—

山雀科　Paridae

沼泽山雀

Poecile palustris

- **外形特征：** 相比于大山雀，沼泽山雀的体形明显要小一些，其体长为 11 厘米左右。沼泽山雀雄雌同形同色，成鸟头顶和后颈为黑色，部分亚种略带凤头，下喙基部亦有一块黑色羽毛，远看犹如蓄着黑色的山羊胡子一般。上背翅及腰部为灰褐色，尾羽亦为灰褐色但颜色较腰背为深，下体胸腹部为污白色，两胁略沾褐色。虹膜深褐色，喙黑色，脚深灰色。

- **生态习性：** 沼泽山雀的喙尖而细长，是典型的食虫鸟，一般单独或成对活动；有时加入混合群。喜栎树林及其他落叶林、密丛、树篱、河边林地及果园。主食各种昆虫及其幼虫、卵和蛹，如直翅目的蝗虫、同翅目的角蝉、鳞翅目的斑蛾、膜翅目的蚁和蜂、双翅目的蝇等，仅吃少量植物种子。

雀形目　Passeriformes

山雀科　Paridae

大山雀

Parus major

· **外形特征：**全长约有 14 厘米长，头、喉为黑色，脸部具大块白斑。胸腹有条宽阔的黑色纵纹与喉、喉相连翼上具一道醒目的白色条纹。体色因亚种而异，极北的亚种下体黄色背偏绿色，北方亚种腹白沾黄色，背略带绿色；南方的亚种背灰腹白。

· **生态习性：**栖息于低山和山麓地带的次生阔叶林、阔叶林和针阔混交林、针叶林等。

雀形目 Passeriformes

—

山雀科 Paridae

绿背山雀

Parus monticolus

- **外形特征：**一种体型略大（13 厘米）的山雀。它们雄雌同形同色，最为显眼的是肩部绿色区域与颈部黑色区域交界处有一条细的亮黄色环带。下体自喉部开始直至尾下覆羽有一条纵贯整个下体的黑色条带；胸部、上腹部和两胁的其他部分体羽则为明黄色，下腹部的颜色则由明黄逐渐转浅，尾下覆羽为黑色。虹膜——褐色；嘴——黑色；脚——青石灰色。叫声似大山雀，但声响而尖且更清亮。

- **生态习性：**绿背山雀喜欢成群活动，常见于海拔在 1000 ~ 4000 米的中高山区，它们常活动于这个海拔的森林或林缘。

雀形目　Passeriformes

百灵科　Alaudidae

云雀

Alauda arversis

- **外形特征：**一种中等体型（18 厘米）而具灰褐色杂斑的百灵。顶冠及耸起的羽冠具细纹，尾分叉，羽缘白色，后翼缘的白色于飞行时可见。它飞到一定高度时，稍稍浮翔，又疾飞而上，直入云霄，故得此名。虹膜——深褐色；嘴——角质色；脚——肉色。

- **生态习性：**栖息于开阔的环境，如草地、干旱平原、泥淖及沼泽。以活泼悦耳的鸣声著称，高空振翅飞行时鸣唱，为持续的成串颤音及颤鸣，告警时发出多变的吱吱声。以食地面上的昆虫和种子为生。

雀形目　Passeriformes

扇尾莺科　Cisticolidae

山鹪莺

Prinia striata

- **外形特征：**具长的凸形尾。上体灰褐色并具深褐色纵纹。下体偏白色，两胁、胸及尾下覆羽沾茶黄色，胸部黑色纵纹明显。非繁殖期褐色较重，胸部黑色较少，顶冠具皮黄色和黑色细纹。与非繁殖期的褐山鹪莺相似，但本种胸侧无黑色点斑。

- **生态习性：**多栖于高草及灌丛，常在农耕地活动。

雀形目　Passeriformes

燕科　Hirundinidae

家燕

Hirundo rustica

· **外形特征：**一种中等体型（20 厘米，包括尾羽延长部）的灰蓝色及白色的燕。上体为钢蓝色；胸偏红而具一道蓝色胸带，腹白；尾甚长，分叉，近端处具白色点斑。虹膜——褐色；嘴及脚——黑色。

· **生态习性：**巢多置于人类房舍内外墙壁上、屋椽下或横梁上，甚至在悬吊着的电灯头上筑巢。

雀形目　Passeriformes

燕科　Hirundinidae

金腰燕

Cecropis daurica

· **外形特征：**一种体大（18 厘米）的燕。浅栗色的腰与深钢蓝色的上体成对比，下体白而多具黑色细纹，尾长而叉深。虹膜——褐色；嘴及脚——黑色。飞行时发出尖叫。

· **生态习性：**栖息于低山及平原的居民点附近，以昆虫为食。结小群活动，飞行时振翼较缓慢且更喜高空翱翔。善飞行，飞行迅速敏捷，主要以昆虫为食。

雀形目 Passeriformes

鹎科 Pycnonotidae

领雀嘴鹎

Spizixos semitorques

· **外形特征:** 一种体大（23 厘米）的偏绿色鹎。厚重的嘴为象牙色，具短羽冠。似凤头雀嘴鹎但冠羽较短，头及喉偏黑（台湾亚种灰色），颈背为灰色。特征为喉白，嘴基周围近白，脸颊具白色细纹，尾绿而尾端黑。虹膜——褐色；嘴——浅黄色；脚——偏粉色。叫声为悦耳的笛声或急促响亮的哨音“ji de shi shei，ji de shi shei，shi shei”。

· **生态习性:** 通常于次生植被及灌丛中活动。结小群停栖于电话线或竹林。飞行中捕捉昆虫。

雀形目　Passeriformes

鹎科　Pycnonotidae

黄臀鹎

Pycnonotus xanthorrhous

· **外形特征：**一种中等体型（20 厘米）的灰褐色鹎。喉白，顶冠及颈背为黑色。亚种 andersoni 几乎无褐色胸带。虹膜——褐色；嘴——黑色；脚——黑色。叫声为沙哑的“brzzp”声。

· **生态习性：**常作季节性的垂直迁移，夏季多沿河谷上到山中部地区，海拔高度随地区而不同，如在云南西部，夏季可出现在海拔 2800 ~ 3000 米的中低山地带，在玉龙山是海拔 2400 ~ 3100 米地带的常见种。冬季则下到山脚平原，在林缘、山坡灌丛和村落附近亦是常见鸟类。除繁殖期成对活动外，其他季节均成群活动，晚上成群、成排地栖息在树枝或竹枝上过夜。通常 3 ~ 5 只一群，亦见有 10 多只至 20 只的大群，有时亦见与红臀鹎、红耳鹎混群。

黄臀鹎　Pycnonotus xanthorrhous

雀形目 Passeriformes

鹎科 Pycnonotidae

白头鹎

Pycnonotus sinensis

· **外形特征：**一种中等体型（19 厘米）的橄榄色鹎。眼后有一白色宽纹伸至颈背，黑色的头顶略具羽冠，髭纹为黑色，臀白。白头鹎的白体现在眼后而不是黑色的头顶，海南亚种头部白色甚少。幼鸟头为橄榄色，胸具灰色横纹。虹膜——褐色；嘴——近黑色；脚——黑色。叫声为典型的叽叽喳喳颤鸣及简单而无韵律的叫声。

· **生态习性：**性活泼，不甚畏人，结群于果树上活动。有时从栖处飞行捕食。白头鹎是长江以南广大地区中常见的一种鸟，多活动于丘陵或平原的树本灌丛中，也见于针叶林里。

雀形目 Passeriformes

鹎科 Pycnonotidae

绿翅短脚鹎

Ixos mcclellandii

· **外形特征：**一种体大（24 厘米）而喜喧闹的橄榄色鹎。羽冠短而尖，颈背及上胸为棕色，喉偏白而具纵纹。头顶为深褐具偏白色细纹。背、两翼及尾偏绿色，腹部及臀偏白。虹膜——褐色；嘴——近黑；脚——粉红。

· **生态习性：**以小型果实及昆虫为食，植物性食物主要有果实、野樱桃、浆果、乌饭果、榕果，核果、草莓、黄泡果、蔷薇果、鸡树子果、草籽等。常在山茶花上见到，吃花粉，也捕食访花的蜜蜂等昆虫。常呈 3 ~ 5 只或 10 多只的小群活动或大群活动，大胆围攻猛禽及杜鹃类。 多在乔木树冠层或林下灌木上跳跃、飞翔，并同时发出喧闹的叫声，鸣声清脆多变而婉转，为单调的三音节嘶叫声或上扬的三音节叫声；也作多种咪叫声。

雀形目 Passeriformes

鹎科 Pycnonotidae

黑短脚鹎

Hypsipetes leucocephalus

· **外形特征：**一种中等体型（20 厘米）的黑色鹎。尾略分叉，嘴、脚及眼为亮红色。部分亚种头部为白色（又叫白头黑鹎），西部亚种的前半部分偏灰。与红嘴椋鸟、丝光椋鸟的区别在胸及背部色深、尾长且略分叉。成鸟偏灰，略具平羽冠。虹膜——褐色；嘴——红色；脚——红色。

· **生态习性：**常单独或成小群活动，有时亦集成大群，特别是冬季，集群有时达 100 只以上，偶尔也见和黄臀鹎混群。性活泼，常在树冠上来回不停地飞翔，有时也在树枝间跳来跳去，或站于枝头。偶尔也见栖立于电线上，很少到地上活动。善鸣叫，有时站在树顶梢鸣叫，有时成群边飞边叫，叫声甚多变，包括响亮的尖叫、吱吱声及刺耳哨音，常有带鼻音的咪叫声。鸣声粗厉，单调而多变，显得较为嘈杂。

雀形目　Passeriformes

柳莺科　Phylloscopidae

黄眉柳莺

Phylloscopus inornatus

· **外形特征：**一种体长 10 ~ 11 厘米的鲜艳橄榄绿色柳莺。通常具两道明显的近白色翼斑，纯白或乳白色的眉纹而无可辨的顶纹，下体色彩从白色变至黄绿色。虹膜褐色；上嘴嘴色深，下嘴基黄色；脚粉褐色。

· **生态习性：**性活泼，常结群且与其他小型食虫鸟类混合，栖于森林的中上层。它们的体型比麻雀小得多，背羽以橄榄绿色或褐色为主，下体淡白，嘴细尖，常在枝尖不停地穿飞捕虫，有时飞离枝头扇翅，将昆虫哄赶起来，再追上去啄食，所以是十分活跃的小鸟。叫声吵嚷，不停地发出响亮而上扬的“swe-eeet”叫声。鸣声为一连串低弱叫声，音调下降至消失；也发出双音节的“tsioo-eee”声，第二音音调降而后升。在枝间跳跃时，不时地发出一声声细尖而清脆的“仔儿”声，很容易识别。

雀形目 Passeriformes

柳莺科 Phylloscopidae

甘肃柳莺

Phylloscopus kansuensis

· **外形特征：**一种中等体型（10 厘米）的偏绿色柳莺。腰色浅，隐约可见第二道翼斑，眉纹粗而白，顶纹色浅，三级飞羽羽缘略白。野外与淡黄腰柳莺难辨，但声音有别。虹膜——深褐；嘴——上嘴色深，下嘴色浅；脚——粉褐。

· **生态习性：**常与其他柳莺混集成群，在树枝间跳跃取食。在海拔较高的地方数量增多，繁殖于有云杉及桧树的落叶林。鸣声为颤抖尖细而略粗哑的"tsrip"声，接一连串略微加速的"tsip"声，以一个长 1 ~ 2 秒的清晰颤音收尾。声似峨眉柳莺而与黄腰柳莺迥然不同。

雀形目 Passeriformes

柳莺科 Phylloscopidae

黄腰柳莺

Phylloscopus proregulus

· **外形特征：**一种体小（9 厘米）的背部绿色的柳莺。腰为柠檬黄色；具两道浅色翼斑；下体灰白，臀及尾下覆羽沾浅黄；具黄色的粗眉纹和适中的顶纹；新换的体羽眼先为橘黄色；嘴细小。虹膜——褐色；嘴——黑色，嘴基橙黄色；脚——粉红色。

· **生态习性：**栖息于森林和林缘灌丛地带，常与其他柳莺混群活动，在林冠层穿梭跳跃，觅食昆虫及幼虫，偶尔吃杂草种子。鸣声洪亮有力，为清晰多变的“choo-choo-chee-chee-chee ”等声重复 4 ~ 5 次，间杂颤音及嘟声。叫声包括轻柔的鼻音“dju-ee”或“swe-eet”及柔声“weesp”，不如黄眉柳莺叫声刺耳。

雀形目 Passeriformes

柳莺科 Phylloscopidae

棕眉柳莺

Phylloscopus armandii

- **外形特征：**一种中等体型（12 厘米）单褐色柳莺。尾略分叉，嘴短而尖。上体为橄榄褐色，飞羽、覆羽及尾缘为橄榄色。具白色的长眉纹和皮黄色眼先。脸侧具深色杂斑，暗色的眼先及贯眼纹与米黄色的眼圈成对比。下体污黄白，胸侧及两胁沾橄榄色。特征为喉部的黄色纵纹常隐约贯胸而及至腹部，尾下覆羽黄褐色。

- **生态习性：**常光顾坡面的亚高山云杉林中的柳树及杨树群落，于低灌丛下的地面取食。

雀形目　Passeriformes

柳莺科　Phylloscopidae

褐柳莺

Phylloscopus fuscatus

· **外形特征：**一种中等体型（11 厘米）的单一褐色柳莺。外形甚显紧凑而墩圆，两翼短圆，尾圆而略凹。下体乳白，胸及两胁沾黄褐。上体灰褐，飞羽有橄榄绿色的翼缘。嘴细小，腿细长。指名亚种眉纹沾栗褐，脸颊无皮黄，上体褐色较重。虹膜——褐色；嘴——上嘴色深，下嘴偏黄；脚——偏褐色。

· **生态习性：**主要以昆虫为食。常单独或成对活动，多在林下、林缘和溪边灌丛与草丛中活动。喜欢在树枝间跳来跳去，或跳上跳下，不断发出近似"嘎叭、嘎叭……"或"答、答、答……"的叫声。繁殖期间常站在灌木枝头从早到晚不停地鸣唱，其声似"欺、欺、欺、欺……"不断重复的连续叫声。有时站在枝头鸣叫，有时又振翅在空中翱翔，有时又从一个枝头飞向另一枝头，遇有干扰，则立刻落入灌丛中。栖息于从山脚平原到海拔 4500 米的山地森林和林线以上的高山灌丛地带，尤其喜欢稀疏而开阔的阔叶林、针阔叶混交林和针叶林林缘以及溪流沿岸的疏林与灌丛，不喜欢茂密的大森林。非繁殖期间也见于农田、果园和宅旁附近的小块丛林内。

雀形目 Passeriformes

柳莺科 Phylloscopidae

棕腹柳莺

Phylloscopus subaffinis

· **外形特征：**一种中等体型（10.5 厘米）的橄榄绿色柳莺。眉纹暗黄且无翼斑，外侧三枚尾羽的狭窄白色羽端及羽缘在野外难见。甚似黄腹柳莺，但耳羽较暗，嘴略短，下嘴尖端色深。眉纹尤其于眼先不显著，且其上无狭窄的深色条纹。两翼比黄腹柳莺短，比灰柳莺为绿，且眉纹淡而少橘黄色。无棕眉柳莺的喉部细纹。较烟柳莺上体绿色较多而下体绿色较少。虹膜——褐色；嘴——深角质色而具偏黄色的嘴线，下嘴基黄色；脚——深色。

· **生态习性：**垂直迁移的候鸟，夏季于山区森林及灌丛高可至海拔 3600 米，越冬在山丘及低地。藏匿于浓密的林下植被，夏季成对，冬结小群。不安时两翼下垂并抖动。鸣声似黄腹柳莺但较轻慢而细弱且无前导的装饰音，为“tuee-tuee-tuee-tuee”声。叫声轻柔而似蟋蟀振翅的“chrrup”或“chrrip”声。

雀形目 Passeriformes

柳莺科 Phylloscopidae

冕柳莺

Phylloscopus coronatus

· **外形特征：**一种中等体型（12 厘米）的黄橄榄色柳莺。具近白的眉纹和顶纹；上体为绿橄榄色，飞羽具黄色羽缘，仅一道黄白色翼斑；下体近白，与柠檬黄色的臀成对比；眼先及过眼纹近黑。虹膜——深褐色；嘴——上嘴褐色，下嘴色浅；脚——灰色。

· **生态习性：**喜光顾红树林、林地及林缘，从海平面直至最高的山顶。通常加入混合鸟群，见于较大树木的树冠层。叫声为轻柔的"phit phit"声；鸣声为多变刺耳的"pichi pichu seu sweu"声，尾声最高。

雀形目　Passeriformes

柳莺科　Phylloscopidae

灰冠鹟莺

Phylloscopus tephrocephalus

· **外形特征：**形、色与金眶鹤莺相似，但本种的顶冠灰黑相间明显，眼周为金黄色，眼在后方有细断纹。灰冠鹟莺是雀形目柳莺科柳莺属的鸟类，从金眶鹟莺的亚种提升为独立鸟种。

· **生态习性：**栖息于海拔 1200 ~ 2500 米的暖温带常绿阔叶林和寒温带落叶阔叶林。

雀形目　Passeriformes

柳莺科　Phylloscopidae

双斑绿柳莺

Phylloscopus plumbeitarsus

· **外形特征：**一种中等体型（12 厘米）的深绿色柳莺。具明显的白色的长眉纹而无顶纹，腿色深，具两道翼斑，下体白而腰绿。虹膜——褐色；嘴——上嘴色深，下嘴粉红；脚——蓝灰。

· **生态习性：**繁殖于针落叶混交林、白桦及白杨树丛，高可至海拔 4000 米。越冬于次生灌丛及竹林，高至海拔 1000 米。双斑绿柳莺在消灭害虫方面有较大的作用。所吃的昆虫种类有膜翅目、双翅目、鞘翅目、同翅目、半翅目等的昆虫，而这些都是有害种类，例如蜂象、叶跳蝉、蝇类和蚊类等，有时也食杂草种子及植物种子。叫声为响亮干涩似麻雀的三音节平调“chi-wi-ri”声；鸣声似暗绿柳莺。

雀形目　Passeriformes

柳莺科　Phylloscopidae

黑眉柳莺

Phylloscopus ricketti

· **外形特征：**一种中等体型（10.5 厘米）而色彩鲜艳的柳莺。上体为亮绿色，下体及眉纹为鲜黄色。通常可见两道翼斑。头顶中央自额基至后颈有一条淡绿黄色中央冠纹极为显著，头顶两侧各有一条黑色侧冠纹，眉纹黄色，贯眼纹黑色。颈背具灰色细纹。虹膜——褐色；嘴——上嘴色深，下嘴偏黄；脚——黄粉色。

· **生态习性：**主要栖息于海拔 2000 米以下的低山山地阔叶林和次生林中，也栖息于混交林、针叶林、林缘灌丛和果园。主要以昆虫和昆虫幼虫为食，所吃食物全为昆虫。除繁殖期间单独或成对活动外，其他时候多成群，也常与其他小鸟混群活动和觅食。性活泼，常在树上枝叶间跳来跳去，或从一棵树快速飞向另一棵树，也在林下灌丛中活动和觅食。鸣声响亮，为近似连续的“匹啾、匹啾……”或“匹儿、匹儿……”声。

雀形目 Passeriformes

—

柳莺科 Phylloscopidae

栗头鹟莺

Phylloscopus castaniceps

· **外形特征：**一种体型甚小（9 厘米）的橄榄色莺。顶冠红褐，侧顶纹及过眼纹为黑色，眼圈白，脸颊灰，翼斑为黄色，腰及两胁黄；胸灰，腹部黄灰。亚种 sinensis 的背部绿色较重，下体比指名亚种黄色为多；laurentei 相似，但下体黄色较少，腹中心白色。虹膜——褐色；嘴——上嘴黑，下嘴浅；脚——角质灰色。

· **生态习性：**鸣声为高亢的金属音且下滑；也有双音节叫声“chi-chi”及似鹪鹩的叫声“tsik”。活跃于山区森林，在小树的树冠层积极觅食。常与其他种类混群。

雀形目　Passeriformes

树莺科　Cettiidae

棕脸鹟莺

Abroscopus albogularis

· **外形特征：**头部为棕色，顶冠为橄榄绿色，侧冠纹为黑色，喉部白色具有细密的黑色纵纹。上体和尾为橄榄绿色，下体白。腰为黄色，胸部有一圈黄带，有时很细。虹膜——褐色；嘴——上嘴色暗，下嘴色浅；脚——粉褐色。

· **生态习性：**栖于常绿林及竹林密丛，活泼好动。常结小群，或跟随其他种类的小鸟群，一面"叮铃铃铃"地鸣叫，一面从一棵树转移到另一棵。飞近枝叶附近的食物时，能在空中悬停啄取。

雀形目　Passeriformes

树莺科　Cettiidae

强脚树莺

Horornis fortipes

- **外形特征：**一种体型略小（12 厘米）的暗褐色树莺。具形长的皮黄色眉纹，下体偏白而染褐黄，尤其是胸侧、两胁及尾下覆羽。幼鸟黄色较多。甚似黄腹树莺但上体的褐色多且深，下体褐色深而黄色少，腹部白色少，喉灰色亦少；叫声也有别。虹膜——褐色；嘴——上嘴深褐，下嘴基色浅；脚——肉棕色。

- **生态习性：**通常独处。藏于浓密灌丛，易闻其声但难将其赶出一见。鸣声为持续的上升音“weee”接爆破声“chiwiyou”，也发出连续的“tack tack”声。

雀形目　Passeriformes

—

长尾山雀科　Aegithalidae

红头长尾山雀

Aegithalos concinnus

· **外形特征：**一种体长 10.5 厘米的活泼优雅山雀。头顶及颈背为棕色，过眼纹宽而黑，颏及喉白且具黑色圆形胸兜，下体白而具不同程度的栗色。虹膜——黄色；嘴——黑色；脚——橘黄。

· **生态习性：**主要以鞘翅目和鳞翅目等昆虫为食。性活泼，常从一棵树突然飞至另一树，不停地在枝叶间跳跃或来回飞翔觅食。边取食边不停地鸣叫，叫声低弱，似“吱—吱—吱”声。

雀形目　Passeriformes

长尾山雀科　Aegithalidae

银脸长尾山雀

Aegithalos fuliginosus

· **外形特征：**灰色的喉与白色上胸对比而成项纹；顶冠两侧及脸银灰，颈背皮黄褐色，头顶及上体为褐色；尾褐色而侧缘为白色，具灰褐色领环，两胁为棕色；下体余部为白色。幼鸟色浅，额及顶冠纹白色。虹膜——黄色；嘴——黑色；脚——偏粉色至近黑。

· **生态习性：**繁殖开始于 3 ~ 5 月，筑巢于树枝间，亦多在背风处，主食昆虫。

雀形目　Passeriformes

—

鸦雀科　Paradoxornithidae

棕头雀鹛

Fulvetta ruficapilla

· **外形特征：**一种中等体型（11.5 厘米）的褐色雀鹛。顶冠为棕色，并有黑色的边纹延至颈背。眉纹色浅而模糊，眼先暗黑而与白色眼圈成对比，喉近白而微具纵纹。下体余部为酒红色，腹中心偏白。上体灰褐而渐变为腰部的偏红色。覆羽羽缘赤褐，初级飞羽羽缘浅灰成浅色翼纹，尾羽为褐色。虹膜——褐色；嘴——上嘴角质色，下嘴色浅；脚——偏粉。

· **生态习性：**常单独或成对活动，有时亦成 3 ~ 5 只的小群。多在林下灌丛间跳跃穿梭，也频繁地下到地上活动和觅食。杂食性，主要以昆虫、植物果实和种子为食。

雀形目 Passeriformes

鸦雀科 Paradoxornithidae

白眶鸦雀

Sinosuthora conspicillata

· **外形特征：**体长 14 厘米。顶冠及颈背栗褐色，白色眼圈明显。上体为橄榄褐色，下体为粉褐色，喉具模糊的纵纹。湖北的亚种 rocki 色较淡而嘴大。虹膜——褐色；嘴——黄色；脚——近黄。叫声带有鼻音的高音“triiih-triiih-triiih-triiih……”及较短的“triit”声。

· **生态习性：**性活泼，结小群藏隐于山区森林的竹林层。

雀形目　Passeriformes

—

鸦雀科　Paradoxornithidae

棕头鸦雀

Sinosuthora webbiana

· **外形特征：**头顶至上背为棕红色，上体余部为橄榄褐色，翅为红棕色，尾为暗褐色。喉、胸为粉红色，下体余部为淡黄褐色。有些亚种翼缘为棕色。 虹膜——褐色或浅黄色；嘴——灰或褐色，嘴端色较浅；脚——粉灰。

· **生态习性：**性格活泼而大胆，常常在灌木或小树枝叶间活动，一般短距离低空飞翔，不作长距离飞行。常边飞边叫或边跳边叫，鸣声低沉而急速，较为嘈杂。其食物主要为昆虫，也有野生植物的种子。

雀形目　Passeriformes

—

鸦雀科　Paradoxornithidae

点胸鸦雀

Paradoxornis guttaticollis

· **外形特征：**一种体大（18 厘米）而有特色的鸦雀。特征为胸上具深色的倒“V”字形细纹。头顶及颈背赤褐，耳羽后端有显眼的黑色块斑。上体余部呈暗红褐色，下体为皮黄色。虹膜——褐色；嘴——橘黄；脚——蓝灰。

· **生态习性：**栖于灌丛、次生植被及高草丛。

雀形目 Passeriformes

绣眼鸟科 Zosteropidae

白领凤鹛

Parayuhina diademata

· **外形特征：** 一种体大（17.5 厘米）的烟褐色凤鹛。具蓬松的羽冠，颈后白色大斑块与白色宽眼圈及后眉线相接。颏、鼻孔及眼先为黑色。飞羽黑而羽缘近白。下腹部为白色。虹膜——偏红；嘴——近黑；脚——粉红。

· **生态习性：** 成对或结小群吵嚷活动于海拔 1100 ~ 3600 米的灌丛，冬季下至海拔 800 米。常在树冠层枝叶间、也下到林下幼树或高的灌木与竹丛上或林下草丛中活动和觅食。主要以昆虫和植物果实与种子为食。

雀形目　Passeriformes

—

绣眼鸟科　Zosteropidae

红胁绣眼鸟

Zosterops erythropleurus

· **外形特征：**一种中等体型（12 厘米）的绣眼鸟。上体自额基、背以至尾上覆羽呈黄绿色，上背黄色较少，而呈暗绿；颊和耳羽为黄绿色；眼周具一圈绒状白色短羽；眼先为黑色；眼下方具一黑色细纹；肩和小覆羽呈暗绿，飞羽和其余覆羽为黑褐色，颏、喉、颈侧和前胸呈鲜黄色；后胸和腹部中央为乳白色，后胸两侧苍灰；胁部为栗红色；尾下覆羽为鲜黄色；腋羽白，微沾黄色；翅下覆羽为白色。虹膜——红褐色；嘴——橄榄色；脚——灰色。

· **生态习性：**栖息于阔叶林和以阔叶树为主的针阔叶混交林、竹林、次生林等各种类型森林中，以昆虫为食。叫声为本属特有的嘁喳叫声。

雀形目 Passeriformes

绣眼鸟科 Zosteropidae

暗绿绣眼鸟

Zosterops simplex

- **外形特征：**一种体小（10 厘米）、可人的群栖性鸟。上体为鲜亮的绿橄榄色，具明显的白色眼圈和黄色的喉及臀部。胸及两胁灰，腹白。无红胁绣眼鸟的栗色两胁及灰腹绣眼鸟腹部的黄色带。虹膜——浅褐色；嘴——灰色；脚——偏灰色。

- **生态习性：**性活泼而闹，于树顶觅食小型昆虫、小浆果及花蜜。不断发出轻柔的“tzee”声及平静的颤音。广泛分布于日本、中国、缅甸及越南北部。亚种 simplex 为留鸟或夏季繁殖鸟，见于中国华东、华中、西南、华南、东南地区，冬季北方鸟南迁；hainana 为海南岛的留鸟；batanis 为留鸟，见于兰屿岛及台湾东库部火烧岛。常见于林地、林缘、公园及城镇。常被捕捉为笼鸟，因此有些逃逸鸟。

雀形目　Passeriformes

—

绣眼鸟科　Zosteropidae

黑颏凤鹛

Yuhina nigrimenta

· **外形特征：**一种体小（11 厘米）的偏灰色凤鹛。羽冠形短，头灰，上体橄榄灰，下体偏白。特征为额、眼先及颏上部黑色。虹膜——褐色；嘴——上嘴黑，下嘴红；脚——橘黄色。

· **生态习性：**性活泼而喜结群，夏季多见于海拔 530 ~ 2300 米的山区森林、过伐林及次生灌丛的树冠层中，但冬季下至海拔 300 米。有时与其他种类结成大群，不停地发出尖声的喊喳叫声和啾啾叫声。

雀形目　Passeriformes

绣眼鸟科　Zosteropidae

纹喉凤鹛

Yuhina gularis

· **外形特征：**一种体型略大（15 厘米）的暗褐色凤鹛。羽冠突显，偏粉的皮黄色喉上有黑色细纹，翼黑而带橙棕色细纹。下体余部呈暗棕黄色。峨眉山的亚种色彩较淡，羽冠为棕色。虹膜——褐色；嘴——上嘴色深，下嘴偏红；脚——橘黄色。

· **生态习性：**在西藏地区主要栖息于海拔 2800 ~ 3800 米处的森林中，在云南和四川分布高度可下到海拔 1800 米处的山地，冬季还可下到海拔 1200 米处，属高山森林鸟类。多活动在常绿林和混交林及其林缘疏林灌丛中。叫声为清晰而带鼻音的下滑咪叫“queee”。群鸟不停地喊喳作声。

雀形目　Passeriformes

—

林鹛科　Timaliidae

斑胸钩嘴鹛

Erythrogenys gravivox

- **外形特征：** 一种体型略大（24 厘米）的钩嘴鹛。无浅色眉纹，脸颊为棕色。甚似锈脸钩嘴鹛但胸部具浓密的黑色点斑或纵纹。虹膜——黄至栗色；嘴——灰至褐色；脚——肉褐色。

- **生态习性：** 典型的栖于灌丛的钩嘴鹛。叫声似双重唱，雄鸟发出响亮的“queue pee”声，雌鸟立即回以“quip”叫声。

雀形目　Passeriformes

林鹛科　Timaliidae

棕颈钩嘴鹛

Pomatorhinus ruficollis

· **外形特征：** 一种体型 19 厘米的褐色钩嘴鹛。具栗色的颈圈，长眉纹白色，眼先黑色，喉白，胸具纵纹，特征十分显著。虹膜——褐色；嘴——上嘴黑，下嘴黄（亚种 reconditus 下嘴粉红）；脚——铅褐色。

· **生态习性：** 具有钩嘴鹛属的典型特性。鸣声为 2 ~ 3 声的哱声，重音在第一音节，最末音较低。雌鸟有时以尖叫回应。

雀形目 Passeriformes

林鹛科 Timaliidae

红头穗鹛

Cyanoderma ruficeps

· **外形特征：**一种体小（12.5 厘米）的褐色穗鹛。顶冠为棕色，上体为暗灰橄榄色，眼先暗黄，喉、胸及头侧沾黄，下体呈黄橄榄色；喉具黑色细纹。亚种 praecognita 上体灰色较少；goodsoni 喉黄而具深色纵纹；davidi 下体黄色。虹膜——红色；嘴——上嘴近黑，下嘴较淡；脚——棕绿色。鸣声似金头穗鹛但第一声后无停顿，为“pi-pi-pi-pi-pi-pi”声。或低声吱叫，发出轻柔的四声哨音“whi-whi-whi-whi”声，似雀鹎。

· **生态习性：**栖于森林、灌丛及竹丛。主要以昆虫为食，偶尔也吃少量植物果实与种子。食物亦主要为鞘翅目、鳞翅目、直翅目、膜翅目、双翅目、半翅目等昆虫和昆虫幼虫，偶尔吃少量植物果实与种子。常单独或成对活动，有时也见成小群或与棕颈钩嘴鹛或其他鸟类混群活动，在林下或林缘灌林从枝叶间飞来飞去或跳上跳下。

雀形目　Passeriformes

雀鹛科　Alcippeidae

灰眶雀鹛

Alcippe davidi

· **外形特征：** 一种体型略大（14 厘米）的喧闹而好奇的群栖型雀鹛。上体呈褐色，头灰，下体为灰皮黄色。具明显的白色眼圈。深色侧冠纹从显著至几乎缺乏。虹膜——红色；嘴——灰色；脚——偏粉。

· **生态习性：** 主要以昆虫及其幼虫为食，主要栖息于海拔 2500 米以下的山地和山脚平原地带的森林和灌丛中。

雀形目 Passeriformes

雀鹛科 Alcippeidae

白眶雀鹛

Alcippe nipalensis

- **外形特征：**一种体型略大（13.5 厘米）的褐色雀鹛。顶冠灰色具白色的宽阔眼圈及黑色的眉纹。与灰眶雀鹛的区别在顶冠及颈背为沾褐色，侧冠纹较显著上体多偏棕色，白色的眼圈明显，喉中心及腹部近白而下体较少皮黄色。虹膜——灰褐色；嘴——角质色；脚——铅褐色。叫声为不断地叽喳叫声，发出金属般的“chit”声，或“dzi-dzi-dzi-dzi-dzi”及“p-p-p-p-jet”的尖叫声。分布于尼泊尔至印度阿萨姆及缅甸的西部和北部。

- **生态习性：**群栖而好动，于丘陵及山区森林，高可至海拔 2200 米。常与其他种类混群。

雀形目　Passeriformes

噪鹛科　Leiothrichidae

画眉

Garrulax canorus

· **外形特征：**一种体型为 22 厘米的棕褐色鹛。特征为白色的眼圈在眼后延伸成狭窄的眉纹。顶冠及颈背有偏黑色纵纹。虹膜——黄色；嘴——偏黄；脚——偏黄。

· **生态习性：**喜在灌丛中穿飞和栖息，常在林下的草丛中觅食，不善作远距离飞翔。杂食性，多栖居在山丘灌丛和村落附近或城郊的灌丛、竹林或庭院中。性机敏胆怯、好隐匿。

雀形目　Passeriformes

噪鹛科　Leiothrichidae

白颊噪鹛

Pterorhinus sannio

- **外形特征：**一种中等体型（25 厘米）的灰褐色噪鹛。尾下覆羽为棕色，特征为皮黄白色的脸部图纹系眉纹及下颊纹由深色的眼后纹所隔开。虹膜——褐色；嘴——褐色；脚——灰褐色。

- **生态习性：**性活泼、频繁地在树枝或灌木丛间跳上跳下或飞进飞出。

雀形目　Passeriformes

噪鹛科　Leiothrichidae

黑领噪鹛

Pterorhinus pectoralis

· **外形特征：**头胸部具复杂的黑白色图纹。似小黑领噪鹛但区别主要在眼先浅色，且初级覆羽色深而与翼余部成对比。见于云南及海南岛的 5 个亚种有微小差异，但分布于中国中南及华东的 picticollis 亚种最为独特，喉及眼先较白，项纹的黑色由宽灰色所代。虹膜——栗色；嘴——上嘴黑色，下嘴灰色；脚——蓝灰色。发出尖柔的群鸟联络叫声以及哀而下降的“笑声”与短哨音的响亮合唱声。

· **生态习性：**黑领噪鹛性喜集群，常成小群活动，与其他噪鹛混群活动。多在林下茂密的灌丛或竹丛中活动和觅食，时而在灌丛枝叶间跳跃，时而在地上灌丛间窜来窜去，一般较少飞翔。主要以甲虫、金花虫、蜻蜓、天蛾卵和幼虫以及蝇等昆虫为食，也吃草籽和其他植物果实与种子。

雀形目 Passeriformes

噪鹛科 Leiothrichidae

黑顶噪鹛

Trochalopteron affine

- **外形特征：**一种中等体型（26 厘米）的深色噪鹛。具白色宽髭纹，颈部白色块与偏黑色的头形成对比。虹膜——褐色；嘴——黑色；脚——褐色。

- **生态习性：**在林下茂密的杜鹃灌丛或竹灌丛中活动和觅食。主要以昆虫和植物果实与种子为食。

雀形目 Passeriformes

噪鹛科 Leiothrichidae

山噪鹛

Pterorhinus davidi

- **外形特征：**一种体长 29 厘米的偏灰色噪鹛。嘴稍向下曲，鼻孔完全被须羽掩盖；嘴在鼻孔处的厚度与其宽度几乎相等。虹膜——褐色；嘴——下弯，亮黄色，嘴端偏绿；脚——浅褐色。

- **生态习性：**栖息于山地斜坡上的灌丛中。经常成对活动，善于地面刨食。夏季吃昆虫，辅以少量植物种子、果实；冬季则以植物种子为主。

雀形目　Passeriformes

—

噪鹛科　Leiothrichidae

矛纹草鹛

Pterorhinus lanceolatus

· **外形特征：**一种体型略大（26 厘米）而多具纵纹的鹛。看似纵纹密布的灰褐色噪鹛，甚长的尾上具狭窄的横斑，嘴略下弯，具特征性的深色髭纹。虹膜——黄色；嘴——黑色；脚——粉褐色。

· **生态习性：**主要栖息于稀树灌丛草坡、竹林、常绿阔叶林、针阔叶混交林、亚高山针叶林和林缘灌丛中。食性较杂，主要以昆虫、昆虫幼虫、植物叶、芽、果实和种子为食。

雀形目 Passeriformes

—

噪鹛科 Leiothrichidae

白喉噪鹛

Pterorhinus albogularis

- **外形特征：**一种中等体型（28 厘米）的暗褐色噪鹛。特征为喉及上胸白色。上体余部呈暗烟褐色，外侧四对尾羽羽端为白色，下体具灰褐色胸带，腹部为棕色。虹膜——偏灰或褐色（台湾亚种）；嘴——深角质色；脚——偏灰色。

- **生态习性：**性吵嚷，结小至大群栖于森林树冠层或于浓密的棘丛。主要以昆虫为食。

雀形目　Passeriformes

噪鹛科　Leiothrichidae

橙翅噪鹛

Trochalopteron elliotii

- **外形特征：** 中型鸟类，体长 23 ~ 25.5 厘米。雌雄羽色相似，全身大致呈灰褐色，上背及胸羽具深色及偏白色羽缘而成鳞状斑纹。脸色较深，臀及下腹部为黄褐色。初级飞羽基部的羽缘偏黄、羽端蓝灰而形成拢翼上的斑纹。尾羽灰而端白，羽外侧偏黄。虹膜黄色，嘴黑色，脚棕褐色。

- **生态习性：** 性结小群于开阔次生林及灌丛的林下植被及竹丛中取食。

雀形目　Passeriformes

—

噪鹛科　Leiothrichidae

灰翅噪鹛

Ianthocincla cineracea

· **外形特征：**一种体长 22 厘米而具醒目图纹的噪鹛。头顶、颈背、眼后纹、髭纹及颈侧细纹黑色。虹膜——乳白；嘴——角质色；脚——暗黄。

· **生态习性：**主要栖息于海拔 600 ~ 2600 米的常绿阔叶林、落叶阔叶林、针阔叶混交林、竹林和灌木林等各类森林中。主要以天牛、甲虫、毛虫、蝼蛄、蚂蚁等昆虫为食。

雀形目 Passeriformes

—

噪鹛科 Leiothrichidae

红嘴相思鸟

Leiothrix lutea

· **外形特征：**雄鸟头部自额至上背为橄榄绿色，眼先和眼周呈淡黄色，耳羽为浅灰色，颊和头侧余部亦为灰色；其余上体为暗灰色，尾上覆羽泛橄榄黄绿色；叉形尾为黑色；翼上覆羽为暗橄榄绿色，飞羽为黑色，初级飞羽外缘为金黄色，外翈基部形成朱红色翼斑；下体颏、喉为柠檬黄色，上胸橙色形成胸带，下胸、腹和尾下覆羽为淡黄色，腹中央较白，两胁沾橄榄灰色；虹膜红褐色；喙赤红色；基部沾黑色；脚黄褐色。雌鸟与雄鸟基本相似，但雌鸟眼先色略淡，翼斑部分为橙黄色。

· **生态习性：**迁徙的候鸟。红嘴相思鸟活泼好动，常栖居于常绿阔叶林、常绿和落叶混交林的灌丛或竹林中。鸣声欢快、色彩华美及相互亲热的习性使其常为笼中宠物。休息时常紧靠一起相互舔整羽毛。

雀形目 Passeriformes

旋木雀科 Certhiidae

高山旋木雀

Certhia himalayana

- **外形特征：**体长 14 厘米。以其腰或下体无棕色、尾多灰色、尾上具明显横斑而易与所有其他旋木雀相区别。喉白色，胸腹部为烟黄色，嘴较其他旋木雀显长而下弯。虹膜——褐色；嘴——褐色，下颚色浅；脚——近褐色。

- **生态习性：**部分季节性迁徙，多单独或成对活动，有时加入混合鸟群。

雀形目　Passeriformes

旋木雀科　Certhiidae

霍氏旋木雀

Certhia hodgsoni

- **外形特征：** 头顶棕黑色而具白色或黄白色纵纹，喙细长而下弯，头具褐色眼罩，眉纹白色绕过耳后与颈侧相连，上背暗栗褐色并具白色斑纹，两翼为灰褐色，具白色和棕色置斑腰红棕色，尾羽为棕色，喉下颊至胸腹灰白色。似旋不釜但背部票色较重，两胁和尾下羽为灰棕色。以前多作为旋木雀 Certhia familiaris 下的亚种处理，现多数观点认为其为独立种。虹膜黑褐色；上喙黑色，下喙粉白色；脚黄褐色。

- **生态习性：** 单独或成对栖息于中高海拔山地的针阔混交林和暗针叶林中，冬季下迁，也见于阔叶林、次生林和人工林中，常与其他小型鸟类混群，行为从容而不惧人。

雀形目　Passeriformes

䴓科　Sittidae

普通䴓

Sitta europaea

· **外形特征：**体型似山雀，嘴细长而直，约 1.5 厘米，体长 12 ~ 17 厘米。身体的背面为石板蓝色，具有一条明显的黑色贯眼纹沿头侧伸向颈侧，翅的飞羽为黑色。中央一对尾羽为蓝灰色，其余为黑色。颏喉、颈侧和胸部为白色，腹部两侧呈栗色，下腹为土黄褐色。诸亚种细部有别——asiatica 下体白；amurensis 具狭窄的白色眉纹，下体浅皮黄；sinensis 整个下体粉皮黄。虹膜——深褐色；嘴——黑色，下颚基部带粉色；脚——深灰色。会发出响而尖的“seet，seet ”叫声、似“twet-twet，twet”的责骂声及悦耳笛音的鸣声。

· **生态习性：**在 300 ~ 3200 米的山林间、针阔混交林及阔叶林和针叶林内都可见到，有时也活动于村落附近的树丛中。能在树干向上或向下攀行，啄食树皮下的昆虫，亦有时以螺旋形沿树干攀缘活动。

雀形目　Passeriformes

䴓科　Sittidae

红翅旋壁雀

Tichodroma muraria

· **外形特征：**尾短而嘴长，翼具醒目的绯红色斑纹。飞羽为黑色，外侧尾羽羽端白色显著，初级飞羽两排白色点斑飞行时成带状。虹膜——深褐；嘴——黑色；脚——棕黑。

· **生态习性：**在岩崖峭壁上攀爬，两翼轻展显露红色翼斑。多生活于非树栖高山型，栖息在悬崖和陡坡壁上，或栖于亚热带常绿阔叶林和针阔混交林带中的山坡壁上，活动海拔上限为5000 米。

雀形目　Passeriformes

鹪鹩科　Troglodytidae

鹪鹩

Troglodytes troglodytes

· **外形特征：** 鹪鹩，一种体型小巧（10 厘米）的褐色而具横纹及点斑的鸟。尾上翘，嘴细。深黄褐的体羽具狭窄黑色横斑及模糊的皮黄色眉纹为其特征。虹膜——褐色；嘴——褐色；脚——褐色。叫声为哑嗓的似责骂的“chur”声；生硬的“tic-tic-tic”声及强劲悦耳的鸣声包括清晰高音及颤音。上体为棕褐色，下背至尾以及两翅满布黑褐色横斑，眉纹为浅棕白色；头侧浅褐，而杂以棕白色细纹。下体呈浅棕褐色，自胸以下亦杂以黑褐色横斑。

· **生态习性：** 栖息于灌丛中，夏天 3900 米的太白山顶也能见到，冬季迁到平原和丘陵地带。性活泼，见人临近就隐匿起来。栖止时，常从低枝逐渐跃向高枝。鸣声清脆响亮。繁殖期为 7 ~ 8 月间。巢以细枝、草叶、苔藓、羽毛等物交织而成，呈深碗状或圆屋顶状。每窝产卵 4 ~ 6 枚。卵为白色，杂以褐色和红褐色细斑。终年取食毒蛾、螟蛾、天牛、小蠹、象甲、蝽象等农林害虫，为农林益鸟。

雀形目 Passeriformes

—

河乌科 Cinclidae

褐河乌

Cinclus pallasii

· **外形特征：**一种体型略大（21 厘米）的深褐色河乌。体无白色或浅色胸围。有时眼上的白色小块斑明显，常为眼周羽毛遮盖而外观不显著。亚种 tenuirostris 的褐色较其他亚种为淡。雌鸟形态与雄鸟相似。幼鸟上体为黑褐色，羽缘黑色形成鳞状斑纹，具浅棕色近端斑。虹膜——褐色；嘴——深褐色；脚——深褐色。叫声为尖厉的“dzchit，dzchit”声，但不如河乌的叫声尖厉；其圆润而有韵味的短促鸣声比河乌的鸣声悦耳。

· **生态习性：**栖息活动于山间河流两岸的大石上或倒木上，从不远离河流而飞往他处，也很少上河岸地上活动，遇惊及受到干扰时，亦只是沿河流水面而上、下飞，遇河流转弯处亦不从空中取捷径飞行。能在水面浮游，也能在水底潜走。主要在水中取食，以水生昆虫及其他水生小形无脊椎动物为食。

雀形目 Passeriformes

椋鸟科 Sturnidae

八哥

Acridotheres cristatellus

· **外形特征：**体大 26 厘米，通体黑色，冠羽突出，翅有大型白斑。在飞行过程中两翅中央有明显的白斑，从下方仰视，两块白斑呈“八”字型，这也是八哥名称的来源，两块白斑与黑色的体羽形成鲜明的对比也是八哥的一个重要辨识特征；尾羽端部为白色。尾羽具有白色端。虹膜——橘黄；嘴——浅黄，嘴基红色；脚——暗黄。八哥的亚成体额羽不发达，体羽颜色也不似成鸟那般黑得很成熟，略呈咖啡色。

· **生态习性：**野生八哥生活在山林、平原、村落，有时在城市也可见到。除繁殖季节外，多成群活动，常栖息在大树上，或成行站立在屋顶上。于清晨聚集高处，喧噪一番后便分散活动，至翌日又在原处聚集，这是八哥的一个典型特殊性。晚上，它常与椋鸟、乌鸦混群共栖。

杂食性，常尾随耕田的牛，取食翻耕出来的蚯蚓、蝗虫、蝼蛄等；也在树上啄食榕果、乌桕籽、悬钩子等。繁殖期 4 ~ 7 月。每年可繁殖 2 次。八哥喜水浴，常能在水浴时鸣唱。

雀形目 Passeriformes

椋鸟科 Sturnidae

丝光椋鸟

Spodiopsar sericeus

· **外形特征：**一种灰色及黑白色的椋鸟。体型大小和其他椋鸟相似，体长 21 ~ 24 厘米。雄鸟上体为蓝灰色，腰部和尾上覆羽稍淡些，两翼及尾羽为黑色，翼上具白斑。下体为灰色，颏喉部近白色，尾下覆羽为白色。从后颈至胸部有一暗紫色的环带。最鲜明的特征是白头——头顶部、后颈和颊部棕白色，各羽呈披散的矛状；红嘴——嘴红色，尖端黑色。特征均甚明显，野外不难识别。雌鸟似雄鸟，但头部为浅褐色，体羽较雄鸟暗淡。虹膜——黑色；嘴——红色，嘴端黑色；脚——暗橘黄色。

· **生态习性：**喜结群于地面觅食，取食植物果实、种子和昆虫，爱栖息于电线、丛林、果园及农耕区，筑巢于洞穴中。除繁殖期成对活动外，常成 3 ~ 5 只的小群活动，偶尔亦见 10 多只的大群。常在地上觅食，有时亦见和其他鸟类一起在农田和草地上觅食。性较胆怯，见人即飞，鸣声清甜、响亮。冬季聚大群活动，夏季数量少，迁徙时成大群。主要栖息于海拔 1000 米以下的低山丘陵和山脚平原地区的次生林、小块丛林和稀树草坡等开阔地带，尤以农田、道旁、旷野和村落附近的稀疏林间较常见，也出现于河谷和海岸。主要以昆虫为食，尤其喜食地老虎、甲虫、蝗虫等农林业害虫，也吃桑葚、榕果等植物果实与种子。

雀形目　Passeriformes

棕鸟科　Sturnidae

灰椋鸟

Spodiopsar cineraceus

· **外形特征：** 一种体长 24 厘米的棕灰色椋鸟。头部上黑而两侧白，臀、外侧尾羽羽端及次级飞羽狭窄具白色横纹。雌鸟色浅而暗。虹膜——偏红；嘴——黄色，尖端黑色；脚——暗橘黄。叫声为单调的吱吱叫声 “chir-chir-chay-cheet-cheet” 。

· **生态习性：** 性喜成群，除繁殖期成对活动外，其他时候多成群活动。飞行迅速，整群飞行。鸣声低微而单调。当一只受惊起飞，其他则纷纷响应，整群而起。主要以昆虫为食，也吃少量植物果实与种子。所吃昆虫种类主要有鳞翅目幼虫、螟蛾幼虫，以及蚂蚁、虻、胡蜂、蝗虫、叶甲、金龟子、象鼻虫等鳞翅目、鞘翅目、直翅目、膜翅目和双翅目昆虫。秋冬季则主要以植物果实和种子为主。栖于海拔 800 米以下的低山丘陵和开阔平原地带，散生有老林树的林缘灌丛和次生阔叶林，常在草甸、河谷、农田等潮湿地上觅食，休息时多栖于电线上、电柱上和树木枯枝上。

雀形目　Passeriformes

棕鸟科　Sturnidae

紫翅椋鸟

Sturnus vulgaris

· **外形特征：**全长约 20 厘米，头、喉及前颈部呈辉亮的铜绿色；背、肩、腰及尾上复羽为紫铜色，而具淡黄白色羽端，具不同程度的白色斑点；腹部为沾绿色的铜黑色，翅黑褐缀以褐色宽边。夏羽和冬羽稍有变化。体羽新时为矛状，羽缘锈色而成扇贝形纹和斑纹，旧羽斑纹多消失，虹膜——深褐；嘴——黄色；脚——略红。

· **生态习性：**栖息于荒漠绿洲的树丛中，多栖于村落附近的果园、耕地或开阔多树的村庄内。数量多，平时结小群活动，冬季集大群迁至其分布区的南部。有时其他椋鸟混群活动，往往分成小群聚集在耕地上啄食，每遇骚扰，即飞到附近的树上。喜栖息于树梢或较高的树枝上，在阳光下沐浴、理毛和鸣叫。

雀形目 Passeriformes

椋鸟科 Sturnidae

北椋鸟

Agropsar sturninus

· **外形特征：**一种体长 18 厘米、背部深色的鸟。成年雄鸟背部闪辉紫色；两翼闪辉绿黑色并具醒目的白色翼斑头及胸灰色，颈背具黑色斑块；腹部为白色。雌鸟上体烟灰，颈背具褐色点斑，两翼及尾黑，亚成鸟浅褐，下体具褐色斑驳。虹膜——褐色；嘴——近黑；脚——绿色。

· **生态习性：**取食于沿海开阔区域的地面。

雀形目　Passeriformes

鸫科　Turdidae

灰翅鸫

Turdus boulboul

· **外形特征：**一种体型略大（28 厘米）的鸫。雄鸟似乌鸫，但宽阔的灰色翼纹与其余体羽成对比。腹部黑色具灰色鳞状纹，嘴比乌鸫的橘黄色多，眼圈为黄色。雌鸟全身为橄榄褐色，翼上具浅红褐色斑。虹膜——褐色；嘴——橘黄；脚——黯褐。受惊时的叫声为“chook，chook，chook”的咯咯声似乌鸫，于巢区发出愤怒的“churr”声。叫声通常为一个优雅的单音接以清晰的四声下降音。圆润饱满似笛音，又似乌鸫。飞行时发出“dzeeb”的叫声。

· **生态习性：**于地面取食，静静地在树叶中翻找无脊椎动物、蠕虫，冬季也吃植物果实。具部分的候鸟性。一般生活于海拔 1200 ~ 3000 米的湿润而稠密的橡树和杜鹃等阔叶林以及冬季常出没于树林、灌丛和乡村的田园里。

雀形目 Passeriformes

鸫科 Turdidae

乌鸫

Turdus mandarinus

· **外形特征：**一种体型略大（29 厘米）的全深色鸫。雄鸟全身为黑色，嘴橘黄，眼圈黄，脚黑。雌鸟上体黑褐，下体深褐，嘴为暗绿黄色至黑色，眼圈颜色略淡。与灰翅鸫的区别在翼全为深色。虹膜——褐色；嘴——雄鸟黄色，雌鸟黑色；脚——褐色。鸣声甜美，但不如欧洲亚种悦耳，告警时的嘟叫声也大致相仿。飞行时发出“dzeeb”的叫声。初生的乌鸫幼鸟没有黄色的眼圈，但有一身褐色的羽毛和喙。

· **生态习性：**于地面取食，在树叶中翻找无脊椎动物、蠕虫，冬季也吃果实及浆果。栖息于林地、村镇边缘，平原草地或园圃间，常结小群在地面上奔跑，亦常至垃圾堆及厕所等处找食。

雀形目　Passeriformes

鸫科　Turdidae

宝兴歌鸫

Turdus mupinensis

· **外形特征：** 中型鸟类，体长 23 厘米。上体为橄榄褐色，眉纹为棕白色，耳羽为淡皮黄色具黑色端斑，在耳区形成显著的黑色块斑。下体为白色，密布圆形黑色斑点。野外特征明显，容易识别。虹膜——褐色；嘴——污黄；脚——暗黄。鸣声为一连串有节奏的悦耳之声，通常在 3 ~ 11 秒间发 3 ~ 5 声。多为平声，有时上升，偶尔模糊。

· **生态习性：** 迁徙：宝兴歌鸫主要为留鸟，不迁徙，但在北部繁殖的种群多要迁徙到南方越冬。春季迁徙时间为 4 ~ 5 月，秋季迁徙时间为 9 ~ 10 月。主要栖息于海拔 1200 ~ 3500 米的山地针阔叶混交林和针叶林中，尤其喜欢在河流附近潮湿茂密的栎树和松树混交林中生活。主要以金龟甲、蜂象、蝗虫、鳞翅目、鞘翅目等昆虫和昆虫幼虫为食，特别是鳞翅目幼虫最嗜吃。单独或成对活动，多在林下灌丛中或地上寻食。

雀形目 Passeriformes

鸫科 Turdidae

灰头鸫

Turdus rubrocanus

· **外形特征：**一种体型略小（25 厘米）的栗色及灰色鸫。体羽色彩图纹特别——头及颈为灰色，两翼及尾为黑色，身体多栗色。与棕背黑头鸫的区别在头灰而非黑色，栗色的身体与深色的头胸部之间无偏白色边界，尾下覆羽黑色且羽端白，而非黑色且羽端棕色，眼圈为黄色。亚成鸟头部为深色及棕色，喉为白色。颊部、胸腹部具黑色点斑。虹膜——褐色；嘴——黄色；脚——黄色。告警时咯咯叫似乌鸫。其他叫声包括生硬的“chook-chook”声及快速不连贯的“sit-sit-sit”声。鸣声优美似欧歌鸫，但持续时间较短，于树顶上作叫。

· **生态习性：**常单独活动，冬季也成群。多栖于乔木上，性胆怯而机警，遇人或有干扰立刻发出警叫声，甚惧生。常在林下灌木或乔木树上活动和觅食，但更多是下到地面觅食。主要以昆虫和昆虫幼虫为食，也吃植物果实和种子。灰头鸫主要为留鸟，部分地区为夏候鸟。

雀形目　Passeriformes

—

鸫科　Turdidae

红尾鸫

Turdus naumanni

· **外形特征：**红尾鸫的体背颜色以棕褐为主；下体为白色，在胸部有红棕色斑纹围成一圈；眼上有清晰的白色眉纹。起飞时，尾羽展开时为棕红色。

· **生态习性：**红尾鸫在西伯利亚东部等地繁殖，春秋季节迁徙时几乎遍布于我国各地，并在吉林省以南至长江流域的广大华北地区越冬。通常在越冬的鸟群中有的个体颜色更显黑褐，有的个体颜色略呈棕褐，是红尾鸫中的两个亚种，其中发黑褐色的又叫乌斑鸫。食物以昆虫为主，包括蝗虫、金针虫、地老虎、玉米螟幼虫等农林害虫。

雀形目 Passeriformes

鸫科 Turdidae

赤颈鸫

Turdus ruficollis

· **外形特征：**中等体型（25 厘米），上体灰，腹部纯白，翼衬赤褐。有两个特别的亚种。亚种 ruficollis 的脸、喉及上胸为棕色，冬季多白斑，尾羽色浅，羽缘棕色。亚种 atrogularis 的脸、喉及上胸为黑色，冬季多白色纵纹，尾羽无棕色羽缘。雌鸟及幼鸟具浅色眉纹，下体多纵纹。虹膜——褐色；嘴——黄色，尖端黑色；脚——近褐色。飞行时的叫声为单薄的“tseep”声。

· **生态习性：**成松散群体，有时与其他鸫类混合。在地面时作并足长跳，栖息于山坡草地或丘陵疏林、平原灌丛中。取食昆虫、小动物及草籽和浆果。

雀形目　Passeriformes

—

鹟科　Muscicapidae

鹊鸲

Copsychus saularis

· **外形特征：**一种中等体型（20 厘米）的黑白色鸲。雄鸟的头、胸及背闪辉蓝黑色，两翼及中央尾羽为黑色，外侧尾羽及覆羽上的条纹为白色，腹及臀亦白。雌鸟似雄鸟，但暗灰取代黑色，上体呈灰褐色，翅具白斑，下体前部亦为灰褐色，后部为白色。虹膜——褐色；嘴及脚——黑色。

· **生态习性：**喜在人类活动的地方居住，栖息地点相对固定。单独或成对活动。休息时常展翅翘尾，有时将尾往上翘到背上，尾梢几与头接触。

雀形目 Passeriformes

鹟科 Muscicapidae

白腹蓝鹟

Cyanoptila cyanomelana

· **外形特征：**雄鸟体大（17 厘米），脸、喉及上胸近黑，上体为闪光钴蓝色，下胸、腹及尾下的覆羽为白色。外侧尾羽基部为白色，深色的胸与白色腹部截然分开。雌鸟上体灰褐，两翼及尾褐，喉中心及腹部白。虹膜——褐色；嘴及脚——黑色。叫声为粗哑的“tchk，tchk”声，冬季通常不叫。

· **生态习性：**栖息于海拔 1200 米以上的针阔混交林及林缘灌丛，从树冠取食昆虫。

雀形目　Passeriformes

鹟科　Muscicapidae

铜蓝鹟

Eumyias thalassinus

· **外形特征：**一种体型略大（17 厘米）、全身为绿蓝色的鹟。雄雌两性尾下覆羽均具偏白色鳞状斑纹。虹膜——褐色；嘴——黑色；脚——近黑。

· **生态习性：**常单独或成对活动，多在高大乔木冠层，也到林下灌木和小树上活动，但很少下到地上。性大胆，不甚怕人，频繁地飞到空中捕食飞行性昆虫。鸣声悦耳，早晨和黄昏鸣叫不息。主要以鳞翅目、鞘翅目、直翅目等昆虫和昆虫幼虫为食，也吃部分植物果实和种子。

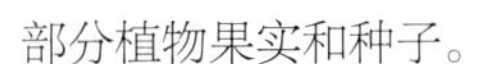

雀形目　Passeriformes

鹟科　Muscicapidae

红胁蓝尾鸲

Tarsiger cyanurus

· **外形特征：**一种体型略小（15 厘米）而喉白的鸲。特征为橘黄色两胁与白色腹部及臀成对比。雄鸟上体蓝，眉纹白；亚成鸟及雌鸟呈褐色，尾蓝。虹膜——褐色；嘴——黑色；脚——灰色。叫声为单音或双轻音的“chuck”声，声轻且弱的“churrr-chee”声或“dirrh-tu-du-dirrrh”声。

· **生态习性：**常单独或成对活动，有时亦见成 3 ~ 5 只的小群，尤其是秋季。主要为地栖性，多在林下地上奔跑或在灌木低枝间跳跃，性甚隐匿，除繁殖期间雄鸟站在枝头鸣叫外，一般多在林下灌丛间活动和觅食。停歇时常上下摆尾。

雀形目　Passeriformes

—

鹟科　Muscicapidae

小燕尾

Enicurus scouleri

· **外形特征：**一种体小（13 厘米）的黑白色燕尾。尾短，与黑背燕尾色彩相似但尾短而又浅。其头顶为白色、翼上白色条带延至下部且尾开叉而易与雌红尾水鸲相区别。虹膜——褐色；嘴——黑色；脚——粉白。

· **生态习性：**甚活跃，栖于林中多岩的湍急溪流尤其是瀑布周围。尾有节律地上下摇摆或扇开似红尾水鸲，习性也较其他燕尾更似红尾水鸲。营巢于瀑布后。

雀形目 Passeriformes

鹟科 Muscicapidae

白额燕尾

Enicurus leschenaulti

· **外形特征：**一种中等体型（25 厘米）的黑白色燕尾。前额和顶冠白（其羽有时耸起成小凤头状）；头余部、颈背及胸为黑色；腹部、下背及腰为白色；两翼和尾为黑色，尾叉甚长而羽端为白色；两枚最外侧尾羽全白。虹膜——褐色；嘴——黑色；脚——偏粉。叫声为响而薄尖的双哨音“tsee-eet”声，特别刺耳。

· **生态习性：**活跃好动，喜多岩石的湍急溪流及河流。停栖于岩石或在水边行走，寻找食物并不停地展开叉形长尾。飞行近地面而呈波状，且飞且叫。

雀形目　Passeriformes

鹟科　Muscicapidae

紫啸鸫

Myophonus caeruleus

· **外形特征：**体长 29 ~ 35 厘米，雌雄鸟体羽相似。通体蓝黑色，仅翼覆羽具少量的浅色点斑。翼及尾沾紫色闪辉，头及颈部的羽尖具闪光小羽片。虹膜褐色；嘴黄色或黑色；脚黑色。笛音鸣声及模仿其他鸟的叫声。

· **生态习性：**告警时发出尖厉的高音，似燕尾，受惊时慌忙逃至覆盖物下并发出尖厉的警叫声。栖于临河流、溪流或密林中的多岩石露出处。地面取食，以昆虫和小蟹为食，兼吃浆果及其他植物，在山地主要吃昆虫。

雀形目　Passeriformes

鹟科　Muscicapidae

赭红尾鸲

Phoenicurus ochruros

· **外形特征：**一种中等体型（15 厘米）的深色红尾鸲。头、喉、上胸、背、两翼及中央尾羽为黑色；头顶及枕部为灰色；下胸、腹部、尾下覆羽、腰及外侧尾羽为棕色。虹膜——褐色；嘴——黑色；脚——略黑。常于夜晚或清晨在突出的栖木上鸣叫。

· **生态习性：**主要栖息于海拔 2500 ~ 4500 米的高山针叶林和林线以上的高山灌丛草地，也栖息于高原草地、河谷、灌丛以及有稀疏灌木生长的岩石草坡、荒漠和农田与村庄附近的小块林内。主要以甲虫、象鼻虫、金龟子、步行虫、蚂蚁等鞘翅目、鳞翅目、膜翅目昆虫为食。

雀形目　Passeriformes

—

鹟科　Muscicapidae

黑喉红尾鸲

Phoenicurus hodgsoni

· **外形特征：** 雄鸟似北红尾鸲，但眉白；颈背灰色延至上背，白色的翼斑较窄。雌鸟似雌北红尾鸲但眼圈偏白而非皮黄，胸部灰色较重且无白色翼斑。较雌赭红尾鸲的上体色深。虹膜——褐色；嘴——黑色；脚——近黑。叫声为清脆的“prit”声；告警声为不停歇的“trrr，tschrrr”声。鸣声短促细弱而无起伏。

· **生态习性：** 喜开阔的林间草地及灌丛，常近溪流，习性似红尾水鸲。取食树间，如鹟类般捕猎食物。

雀形目　Passeriformes

鹟科　Muscicapidae

北红尾鸲

Phoenicurus auroreus

· **外形特征：**一种中等体型（15 厘米）而色彩艳丽的红尾鸲。具明显而宽大的白色翼斑。雄鸟的眼先、头侧、喉、上背及两翼褐黑，仅翼斑为白色；头顶及颈背灰色而具银色边缘；体羽余部栗褐，中央尾羽深黑褐。雌鸟呈褐色，白色翼斑显著，眼圈及尾皮黄色似雄鸟，但色较黯淡。臀部有时为棕色。虹膜——褐色；嘴——黑色；脚——黑色。叫声为一连串轻柔哨音接轻柔的“tac-tac”声，也作短而尖的哨音“peep”或“hit，wheet”声；鸣声为一连串欢快的哨音。

· **生态习性：**常单独或成对活动。行动敏捷，频繁地在地上和灌丛间跳来跳去啄食虫子，偶尔也在空中飞翔捕食。有时还长时间地站在小树枝头或电线上观望，发现地面或空中有昆虫活动时，才立刻疾速飞去捕之，然后又返回原处。

雀形目　Passeriformes

—

鹟科　Muscicapidae

蓝额红尾鸲

Phoenicurus frontalis

· **外形特征：**一种中等体型（16 厘米）而色彩艳丽的红尾鸲。雄雌两性的尾部均具特殊的“T”形黑色图纹（雌鸟为褐色），系由中央尾羽端部及其他尾羽的羽端与亮棕色成对比而成。虹膜——褐色；嘴——黑色；脚——黑色。叫声为单音的“tic”声。告警时在栖处或飞行中不停地轻声重复“ee-tit，ti-tit”。鸣声为一连串甜润的颤音及粗喘声，似赭红尾鸲但喘声较少。

· **生态习性：**常单独或成对活动在溪谷、林缘灌丛地带，也频繁出入于路边、农田、茶园和居民点附近的树丛与灌丛中，不断地在灌木间窜来窜去或飞上飞下。停息时尾不断地上下摆动。除在地上觅食外，也常在空中捕食。

雀形目 Passeriformes

鹟科 Muscicapidae

红尾水鸲

Phoenicurus fuliginosus

· **外形特征：**一种体小（14 厘米）的雄雌异色水鸲，栖于溪流旁。雄鸟的腰、臀及尾栗褐，其余部位为深青石蓝色。与多数红尾鸲的区别在无深色的中央尾羽。雌鸟的上体灰，眼圈色浅；下体白，灰色羽缘成鳞状斑纹，臀、腰及外侧尾羽基部为白色；尾余部为黑色；两翼为黑色，覆羽及三级飞羽羽端具狭窄的白条。雄雌两性均具明显的不停弹尾动作。虹膜——深褐；嘴——黑色；脚——褐色。

· **生态习性：**常单独或成对活动。多站立在水边或水中石头上、公路旁岩壁上或电线上，有时也落在村边房顶上，停立时尾常不断地上下摆动，间或还将尾散成扇状，并左右来回摆动。当发现水面或地上有虫子时，则急速飞去捕猎，取食后又飞回原处。

雀形目　Passeriformes

鹟科　Muscicapidae

白顶溪鸲

Phoenicurus leucocephalus

· **外形特征：**一种体大（19 厘米）的黑色及栗色溪鸲。雄雌同色，头顶及颈背为白色，腰、尾基部及腹部为栗色。亚成鸟色暗而近褐，头顶具黑色鳞状斑纹。虹膜——褐色；嘴——黑色；脚——黑色。叫声为甚哀怨的尖亮上升音“tseeit tseeit”。鸣声为细弱的高低起伏哨音。

· **生态习性：**特征为常立于水中或于近水的突出岩石上，降落时不停地点头且具黑色羽梢的尾不停抽动。求偶时作奇特的摆晃头部的炫耀姿态。爱翘尾巴。

雀形目　Passeriformes

鹟科　Muscicapidae

蓝矶鸫

Monticola solitarius

· **外形特征：**一种中等体型（23 厘米）的青石灰色矶鸫。雄鸟为暗蓝灰色，具淡黑及近白色的鳞状斑纹。雌鸟上体为灰色沾蓝，下体皮黄而密布黑色鳞状斑纹。虹膜——褐色；嘴——黑色；脚——黑色。叫声为恬静的呱呱叫声、粗喘的高叫声，以及短促甜美的笛音鸣声。

· **生态习性：**单独或成对活动。多在地上觅食，常从栖息的高处直落地面捕猎，或突然飞出捕食空中活动的昆虫，然后飞回原栖息处。繁殖期间雄鸟站在突出的岩石顶端或小树枝头长时间的高声鸣叫，昂首翘尾，鸣声多变，清脆悦耳，也能模仿其他鸟鸣。

雀形目　Passeriformes

鹟科　Muscicapidae

栗腹矶鸫

Monticola rufiventris

· **外形特征：** 一种体大（24 厘米）而雄雌异色的矶鸫。繁殖期雄鸟脸具黑色脸斑。上体蓝，尾、喉及下体余部为鲜艳栗色。雌鸟呈褐色，上体具近黑色的扇贝形斑纹，下体满布深褐及皮黄色扇贝形斑纹。虹膜——深褐；嘴——黑色；脚——黑褐。

· **生态习性：** 直立而栖，尾缓慢地上下弹动。有时面对树枝，尾上举。

雀形目 Passeriformes

鹟科 Muscicapidae

黑喉石䳭

Saxicola maurus

· **外形特征：**一种中等体型（14 厘米）的黑、白及赤褐色䳭。雄鸟头部及飞羽为黑色，背深褐，颈及翼上具粗大的白斑，腰白，胸棕色。雌鸟色较暗而无黑色，下体皮黄，仅翼上具白斑。虹膜——深褐；嘴——黑色；脚——近黑。叫声为责骂声“tsack-tsack”，似两块石头的敲击声。

· **生态习性：**喜开阔的栖息生境如农田、花园及次生灌丛。栖于突出的低树枝以跃下地面捕食猎物。

雀形目 Passeriformes

鹟科 Muscicapidae

东亚石䳭

Saxicola stejnegeri

· **外形特征：**一种中等体型 14 厘米的黑、白及赤褐色䳭。雄鸟头部及飞羽为黑色，背深褐，颈及翼上具粗大的白斑，腰白，胸棕色。雌鸟色较暗而无黑色，下体皮黄，仅翼上具白斑。亚种 presvalskii 的喉皮黄，下体黄褐。与雌性白斑黑石䳭的区别在色彩较浅，且翼上具白斑。虹膜——深褐；嘴——黑色；脚——近黑。

· **生态习性：**喜开阔的栖息生境如农田、花园及次生灌丛。栖于突出的低树枝以跃下地面捕食猎物。

雀形目　Passeriformes

鹟科　Muscicapidae

灰林䳭

Tarsiger cyanurus

· **外形特征：**一种中等体型（15 厘米）的偏灰色石䳭。雄鸟上体具灰色斑驳，醒目的白色眉纹及黑色脸罩与白色的颏及喉成对比；下体近白，烟灰色胸带及至两胁；翼及尾为黑色；飞羽及外侧尾羽羽缘为灰色，内覆羽为白色（飞行时可见）；停息时背羽有褐色缘饰；旧羽灰色重。雌鸟似雄鸟，但褐色取代灰色，腰栗褐。虹膜——深褐；嘴——灰色；脚——黑色。

· **生态习性：**喜开阔灌丛及耕地，在同一地点长时间停栖。尾摆动，在地面或于飞行中捕捉昆虫。常单独或成对活动，有时亦集成 3 ~ 5 只的小群。常停息在灌木或小树顶枝上，有时也停息在电线和居民点附近的篱笆上，当发现地面有昆虫时，则立刻飞下捕食。

蓝喉太阳鸟　Aethopyga gouldiae

雀形目 Passeriformes

花蜜鸟科 Nectariniidae

蓝喉太阳鸟

Aethopyga gouldiae

· **外形特征：**雄鸟前额至后颈、耳后块斑，颏、喉绿色而具金属光泽，眼先、颊、头侧为黑色，颈侧和背为暗红色。肩和下背为橄榄绿色，腰为鲜黄色。尾上覆羽为暗绿色而具金属光泽，中央尾羽延长，颜色与尾上覆羽相同，但先端为黑色，外侧尾羽为黑色，先端稍较浅淡。两翅暗褐色，翅表面为橄榄绿色。胸为鲜黄色而杂有不明显的火红色细纹，下腹、后胁和尾下覆羽黄沾绿色或橄榄黄色，尾下覆羽较黄。雌鸟上体为橄榄绿色。头顶羽毛中央有被遮盖住的暗褐色斑，头侧灰褐色微沾绿色。腰和尾上覆羽染黄色，中央尾羽不延长，浅褐色沾橄榄黄色，外侧尾羽黑色，先端淡褐色，外侧 4 对尾羽内翎具白色端斑，越往外侧端斑越大。两翅暗褐色，外翈羽缘橄榄黄色。翅上覆羽与背同色。颏、喉、颈侧和上胸淡灰绿色或橄榄灰色，到腹逐渐变为橄榄黄色，到尾下覆羽变为鲜黄色，翅下覆羽白色微沾黄色。虹膜暗褐至红褐色，嘴黑色，脚黑色或黑褐色。

· **生态习性：**主要以花蜜为食，也吃昆虫等动物性食物。常单独或成对活动，也见 3 ~ 5 只或 10 多只成群，彼此保持一定距离。主要栖息于海拔 1000 ~ 3500 米的常绿阔叶林、沟谷林季雨林和常绿、落叶混交林中，也出入于稀树草坡、果园、农地、河边与公路边的树上，有时也见于竹林和灌丛。

雀形目　Passeriformes

岩鹨科　Prunellidae

棕胸岩鹨

Prunella strophiata

· **外形特征：**一种中等体型（16 厘米）的褐色具纵纹的岩鹨。眼先上具狭窄白线至眼后转为特征性的黄褐色眉纹，下体白色而带黑色纵纹，仅胸带黄褐。虹膜——浅褐；嘴——黑色；脚——暗橘黄色。

· **生态习性：**喜较高处的森林及林线以上的灌丛。

雀形目 Passeriformes

雀科 Passeridae

山麻雀

Passer cinnamomeus

· **外形特征：**一种中等体型（14 厘米）的艳丽麻雀。雄雌异色。虹膜——褐色；嘴——灰色（雄鸟），黄色而嘴端色深（雌鸟）；脚——粉褐色。 叫声包括“cheep”声，快速的“chit-chit-chit”声，以及重复的鸣声“cheep-chirrup-cheweep”。

· **生态习性：**性喜结群，除繁殖期间单独或成对活动外，其他季节多呈小群，在树枝或灌丛间飞来飞去或飞上飞下，飞行力较其他麻雀强，活动范围亦较其他麻雀大。多活动于林缘疏林、灌丛和草丛中，不喜欢茂密的大森林，有时也到村镇和居民点附近的农田、河谷、果园、岩石草坡、房前屋后和路边树上活动和觅食。山麻雀属杂食性鸟类，主要以植物性食物和昆虫为食。

雀形目 Passeriformes

雀科 Passeridae

麻雀

Passer montanus

· **外形特征：**一般麻雀体长为 14 厘米左右，体型矮圆而活跃，顶冠及颈背为褐色。虹膜——深褐；嘴——黑色；脚——粉褐。叫声为生硬的“cheep cheep”或金属音的“tzooit”声，飞行时也作“tet tet tet”的叫声。鸣声为重复的一连串叫声，间杂以“tsveet”声。

· **生态习性：**麻雀是与人类伴生的鸟类 ，栖息于居民点和田野附近。白天四出觅食，活动范围在 2.5 ~ 3 千米以内。在地面活动时双脚跳跃前进，翅短圆，不耐远飞，鸣声喧噪。主要以谷物为食。当谷物成熟时，多结成大群飞向农田掠食谷物。繁殖期食部分昆虫，并以昆虫育雏。麻雀多活动在有人类居住的地方，性极活泼，胆大易近人，但警惕却非常高，好奇较强。

雀形目　Passeriformes

—

鹡鸰科　Motacillidae

树鹨

Anthus hodgsoni

· **外形特征：**体长 15 ~ 17 厘米，具粗显的白色眉纹。与其他鹨的区别在上体纵纹较少，喉及两胁皮黄 ，胸及两胁黑色纵纹浓密。虹膜褐色；嘴下嘴偏粉，上嘴角质色；脚粉红。飞行时发出细而哑的“tseez”叫声，在地面或树上休息时重复单音的短句“tsi……”，鸣声较林鹨音高且快，带似鹪鹩的生硬颤音。

· **生态习性：**在我国为夏候鸟或冬候鸟。每年 4 月初开始迁来东北繁殖地，秋季于 10 月下旬开始南迁，迁徙时常集成松散的小群。繁殖期间主要栖息在海拔 1000 米以上的阔叶林、混交林和针叶林等山地森林中，在南方可达海拔 4000 米左右的高山森林地带。

雀形目 Passeriformes

鹡鸰科 Motacillidae

粉红胸鹨

Anthus roseatus

· **外形特征：**一种中等体型（15 厘米）的偏灰色而具纵纹的鹨。眉纹显著，繁殖期下体粉红而几无纵纹，眉纹粉红。非繁殖期粉皮黄色的粗眉线明显，背灰而具黑色粗纵纹，胸及两胁具浓密的黑色点斑或纵纹。柠檬黄色的小翼羽为本种特征。虹膜——褐色；嘴——灰色；脚——偏粉色。叫声为柔弱的“seep-seep”叫声。炫耀飞行时鸣声为“tit-tit-tit-tit-tit teedle teedle”声。

· **生态习性：**粉红胸鹨栖息于山地、林缘、灌丛、草原、河谷地带，最高可分布到海拔 4200 ~ 4500 米的草甸、灌丛地带。多成对或十几只小群活动，性活跃，不停地在地上或灌丛中觅食。巢多营在林缘及林间空地，巢以干草茎叶构成，仙垫以兽毛、羽毛等。

雀形目　Passeriformes

鹡鸰科　Motacillidae

水鹨

Anthus spinoletta

- **外形特征：**一种中等体型（15 厘米）的灰褐色有纵纹的鹨。头顶具细纹，眉纹显著。虹膜——褐色；嘴——略黑，冬季下嘴粉红；脚——繁殖期近黑色，非繁殖期偏粉色或近黑色。叫声受惊扰时作双音尖叫“tus-pi”或“chu-i”，重复数次。较粉红胸鹨声细而尖。

- **生态习性：**通常藏隐于近溪流处。

田鹨　Anthus rufulus

雀形目 Passeriformes

鹡鸰科 Motacillidae

田鹨

Anthus rufulus

· **外形特征：**一种体大（16 厘米）而站势高的鹨。似迁徙中的理氏鹨但体较小而尾短，腿及后爪较短，嘴也较小。虹膜——褐色；嘴——粉红褐；脚——粉红。起伏飞行时重复发出“chew-ii”声，“chew-ii”声或“chip-chip-chip”声及细弱的啾啾叫声。

· **生态习性：**见于稻田及短草地。急速于地面奔跑，进食时尾摇动。

雀形目 Passeriformes

鹡鸰科 Motacillidae

灰鹡鸰

Motacilla cinerea

· **外形特征：**全长约 19 厘米，头部和背部为深灰色。尾上覆羽为黄色，中央尾羽为褐色，最外侧一对黑褐色具大形白斑。眉纹为白色。喉、颏部为黑色，冬季为白色。两翼为黑褐色，有一道白色翼斑。虹膜——褐色；嘴——黑褐；脚——粉灰。

· **生态习性：**常单独或成对活动，有时也集成小群或与白鹡鸰混群。飞行时两翅一展一收，呈波浪式前进，并不断发出“ja-ja-ja-ja……”的鸣叫声。常停栖于水边、岩石、电线杆、屋顶等突出物体上，有时也栖于小树顶端枝头和水中露出水面的石头上，尾不断地上下摆动。被惊动以后则沿着河谷上下飞行，并不停地鸣叫。常沿河边或道路行走捕食。栖息于海拔在 400 ~ 2000 米的山区、河谷、池畔等各类生境中。停息时尾羽不停地上下摆动，飞行时呈波浪式，两翅一展一收。

雀形目　Passeriformes

鹡鸰科　Motacillidae

黄头鹡鸰

Motacilla citreola

· **外形特征：** 一种体型略小（18 厘米）的鹡鸰。头及下体为艳黄色，诸亚种上体的色彩不一。亚种 citreola 背及两翼灰色；werae 背部灰色较淡；calcarata 背及两翼黑。具两道白色翼斑。雌鸟头顶及脸颊灰色。亚成鸟的暗淡白色取代成鸟的黄色。虹膜——深褐色；嘴——黑色；脚——近黑。叫声有喘息声“tsweep”，不如灰鹡鸰或黄鹡鸰的沙哑。从栖处或于飞行时鸣叫，为重复而有颤鸣叫声。

· **生态习性：** 常成对或成小群活动，也见有单独活动的，特别是在觅食时，迁徙季节和冬季，有时也集成大群。晚上多成群栖息，偶尔也和其他鹡鸰栖息在一起。太阳出来后即开始活动，常沿水边小跑追捕食物。栖息时尾常上下摆动。喜沼泽草甸、苔原带及柳树丛。

雀形目 Passeriformes

—

鹡鸰科 Motacillidae

白鹡鸰

Motacilla alba

· **外形特征：**白鹡鸰体长 16.5 ~ 18 厘米。前额和脸颊为白色，头顶和后颈为黑色。体羽上体为灰色，下体为白色，两翼及尾黑白相间。冬季头后、颈背及胸具黑色斑纹但不如繁殖期扩展。虹膜褐色；嘴及脚黑色。清晰而生硬的“chissick”声。停栖时，尾常上下不停地摆动，有时还边走边叫，显得悠然自得。

· **生态习性：**白鹡鸰常单独成对或呈 3 ~ 5 只的小群活动。迁徙期间也见成 10 多只至 20 余只的大群。多栖于地上或岩石上，有时也栖于小灌木或树上，多在水边或水域附近的草地、农田、荒坡或路边活动，或是在地上慢步行走，或是跑动捕食。遇人则斜着起飞，边飞边鸣。鸣声似“jilin-jilin-”声，声音清脆响亮，飞行姿式呈波浪式，有时也较长时间地站在一个地方，尾不住地上下摆动。

雀形目 Passeriformes

燕雀科 Fringillidae

黄颈拟蜡嘴雀

Mycerobas affinis

- **外形特征：**一种体大（22 厘米）且头大的黑黄色雀鸟。嘴特大。成年雄鸟头、喉、两翼及尾黑色，其余部位为黄色。雌鸟头及喉灰，覆羽、肩及上背暗灰黄。虹膜——深褐；嘴——绿黄；脚——橘黄。

- **生态习性：**栖于沿林线附近的有矮小栎树及杜鹃和桧树灌丛的针叶林及混交林。冬季结群活动，飞行径直而迅速。

雀形目 Passeriformes

燕雀科 Fringillidae

普通朱雀

Carpodacus erythrinus

· **外形特征：** 雄鸟头顶、腰、喉、胸为红色或洋红色，背、肩为褐色或橄榄褐色，羽缘沾红色，两翅和尾为黑褐色，羽缘沾红色。雌鸟上体灰褐或橄榄褐色、具暗色纵纹，下体为白色或皮黄白色、亦具黑褐色纵纹。虹膜暗褐色，嘴角褐色，下嘴较淡，脚褐色。

· **生态习性：** 常单独或成对活动，非繁殖期则多呈几只至十余只的小群活动和觅食。性活泼，频繁地在树木或灌丛间飞来飞去，飞行时两翅扇迅速，多呈波浪式前进，有时亦见停息在树梢或灌木枝头。很少鸣叫，但繁殖期间雄鸟常于早晚站在灌木枝头鸣叫，鸣声悦耳。

雀形目 Passeriformes

燕雀科 Fringillidae

酒红朱雀

Carpodacus vinaceus

· **外形特征：**一种体型略小（15 厘米）的深色朱雀。雄鸟全身为深绯红色，腰色较淡，眉纹及三级飞羽羽端为浅粉色。雌鸟呈橄榄褐色而具深色纵纹。虹膜——褐色；嘴——角质色；脚——褐色。

· **生态习性：**栖息于山区的针阔混交林、阔叶林和白桦、山杨林中，也在山地阔叶林的栎树、杨树、榆树上活动。常单独或成对活动，很少成大群。飞翔呈波浪形。食物春季为白桦嫩叶、杨树叶芽、榆树花序；夏季以鞘翅目昆虫为主；秋季则以浆果和各种种子及昆虫为食。

雀形目　Passeriformes

燕雀科　Fringillidae

长尾雀

Carpodacus sibiricus

· **外形特征：**一种中等体型（17 厘米）而尾长的雀鸟。嘴甚粗厚。 繁殖期雄鸟的脸、腰及胸粉红；额及颈背苍白，两翼多具白色；上背褐色而具近黑色且边缘粉红的纵纹。繁殖期外色彩较淡。 雌鸟具灰色纵纹，腰及胸为棕色。虹膜——褐色；嘴——浅黄；脚——灰褐。

· **生态习性：**主要生活于在山区，多见于低矮的灌丛、亚热带常绿阔叶林和针阔混交林、在平原和丘陵多见于沿溪小柳丛、蒿草丛和次生林以及也出没于公园和苗圃中。成鸟常单独或成对活动，幼鸟结群。

雀形目　Passeriformes

燕雀科　Fringillidae

灰头灰雀

Pyrrhula erythaca

- **外形特征：**一种体型略大（17 厘米）而厚实的灰雀。嘴厚略带钩，雄鸟胸及腹部深橘黄色；雌鸟下体及上背暖褐色，背有黑色条带。飞行时白色的腰及灰白色的翼斑明显可见。虹膜——深褐；嘴——近黑；脚——粉褐。

- **生态习性：**栖于亚高山针叶林及混交林。冬季结小群生活，甚不惧人。

雀形目 Passeriformes

燕雀科 Fringillidae

金翅雀

Chloris sinica

· **外形特征：**一种体小（13 厘米）的黄、灰及褐色雀鸟。双翅的飞羽为黑褐色，但基部有宽阔的黄色翼斑。成体雄鸟顶冠及颈背为灰色，眼先和眼周部位羽毛为深褐色近黑色，背为纯褐色，翼斑、外侧尾羽基部及臀为黄色。雌鸟色暗，幼鸟色淡且多纵纹。虹膜——深褐；嘴——偏粉；脚——粉褐。

· **生态习性：**垂直分布可达海拔 2400 米的高山区，在平原他们活动于高大乔木的树冠中，而在山地则穿梭于低矮的灌木丛中。

雀形目 Passeriformes

鹀科 Emberizidae

栗耳鹀

Emberiza fucata

· **外形特征：**体长 16 厘米，繁殖期雄鸟的栗色耳羽与灰色的顶冠及颈侧成对比；颈部图纹独特，为黑色，下颊纹下延至胸部与黑色纵纹形成的项纹相接，并与喉及其余部位的白色以及棕色胸带上的白色成对比。雌鸟及非繁殖期与雄鸟相似，但色彩较淡而少特征，似第一冬的圃鹀但区别在耳羽及腰多棕色，尾侧多白。虹膜——深褐；嘴——上嘴黑色具灰色边缘，下嘴蓝灰且基部粉红；脚——粉红。

· **生态习性：**冬季成群。喜栖于低山区或半山区的河谷沿岸草甸，森林迹地形成的湿草甸或草甸加杂稀疏的灌丛。

雀形目　Passeriformes

—

鹀科　Emberizidae

三道眉草鹀

Emberiza cioides

· **外形特征：**一种体型略大（16 厘米）的棕色鹀。具醒目的黑白色头部图纹和栗色的胸带，以及白色的眉纹、上髭纹并颏及喉。雌鸟色较淡，眉线及下颊纹皮黄，胸浓皮黄色。虹膜——深褐色；嘴——双色，上嘴色深，下嘴蓝灰而嘴端色深；脚——粉褐色。

· **生态习性：**栖息在草丛中，矮灌木间、岩石上，或空旷而无掩蔽的地面、玉米秆上、电线或电杆上等。

雀形目 Passeriformes

鹀科 Emberizidae

西南灰眉岩鹀

Emberiza wnnanensis

· **外形特征：**体大 17 厘米，冠纹栗色，雌鸟似雄鸟但色淡。虹膜——深褐色；嘴——蓝灰色；脚——粉褐色。

· **生态习性：**喜干燥而多岩石的丘陵山坡及近森林而多灌丛的沟壑深谷，也于农耕地。

雀形目　Passeriformes

鹀科　Emberizidae

黄喉鹀

Emberiza elegans

· **外形特征：**一种中等体型（15 厘米）的鹀。腹白，头部图纹为清楚的黑色及黄色，具短羽冠。雌鸟似雄鸟但色暗，褐色取代黑色，皮黄色取代黄色；下喉部不具有黑色的围脖。虹膜——深栗褐；嘴——近黑；脚——浅灰褐。

· **生态习性：**栖息于低山丘陵地带的次生林、阔叶林、针阔叶混交林的林缘灌丛中，尤喜河谷与溪流沿岸疏林灌丛，也栖息于生长有稀疏树木或灌木的山边草坡以及农田、道旁和居民点附近的小块次生林内。

雀形目　Passeriformes

鹀科　Emberizidae

蓝鹀

Emberiza siemsseni

- **外形特征：** 一种体小（13 厘米）而矮胖的蓝灰色鹀。雄鸟体羽大致石蓝灰色，仅腹部、臀及尾外缘色白，三级飞羽近黑。雌鸟为暗褐色而无纵纹，具两道锈色翼斑，腰灰，头及胸棕色。虹膜——深褐色；嘴——黑色；脚——偏粉色。

- **生态习性：** 栖于次生林及灌丛。蓝鹀为候鸟，中国特有鸟种。蓝鹀营巢于乔木和灌丛中，每窝产卵约 5 枚。

雀形目　Passeriformes

—

鹀科　Emberizidae

小鹀

Emberiza pusilla

- **外形特征：**一种体小（13 厘米）而具纵纹的鹀。头具条纹，雄雌同色。冬季雄雌两性耳羽及顶冠纹为暗栗色，颊纹及耳羽边缘灰黑，眉纹及第二道下颊纹暗皮黄褐色。上体褐色而带深色纵纹，下体偏白，胸及两胁有黑色纵纹。

- **生态习性：**飞翔时尾羽有规律地散开和收拢，频频地露出外侧白色尾羽。主要以草子、种子、果实等植物性食物为食，也吃昆虫等动物性食物。

雀形目 Passeriformes

鹀科 Emberizidae

灰头鹀

Emberiza spodocephala

· **外形特征：**一种体小（14 厘米）的黑色及黄色的鹀。雄鸟的头、颈背及喉为灰色，眼先及颏为黑色；上体余部为浓栗色而具明显的黑色纵纹；下体浅黄或近白；肩部具一白斑，尾色深而带白色边缘。雌鸟头为橄榄色，过眼纹及耳覆羽下的月牙形斑纹黄色。虹膜——深栗褐；嘴——上嘴近黑并具浅色边缘，下嘴偏粉色且嘴端深色；脚——粉褐。

· **生态习性：**不断地弹尾以显露外侧尾羽的白色羽缘。越冬于芦苇地、灌丛及林缘。生性大胆，不怕人，常能与人非常接近。